唯有心清，才能勇敢面对

十三移 著

The heart pure

南京出版传媒集团
南京出版社

图书在版编目（CIP）数据

唯有心清，才能勇敢面对/十三移著. —南京：南京出版社，2016.8

ISBN 978-7-5533-1439-6

Ⅰ. ①唯… Ⅱ. ①十… Ⅲ. ①人生哲学-通俗读物 Ⅳ. ①B821-49

中国版本图书馆CIP数据核字（2016）第169331号

书　　名：唯有心清，才能勇敢面对

作　　者：十三移

出版发行：南京出版传媒集团 南京出版社

社　　址：南京市太平门街53号　**邮　　编**：210016

网　　址：http://www.njcbs.cn　**电子信箱**：njcbs1988@163.com

淘宝网店：http://njpress.taobao.com　**天猫网店**：http://njcbcmjtts.tmall.com

联系电话：025-83283893、83283864（营销）025-83112257（编务）

出 版 人：朱同芳

出 品 人：卢海鸣

责任编辑：许小彦

责任印制：杨福彬

印　　刷：北京天宇万达印刷有限公司

开　　本：880毫米×1280毫米　1/32

印　　张：7.5

字　　数：160千字

版　　次：2016年8月第1版

印　　次：2017年2月第3次印刷

书　　号：ISBN 978-7-5533-1439-6

定　　价：29.80元

营销分类：励志

前言

Foreword

当你面临生活中的巨大挑战时，迷茫、恐惧如同一只只怪兽，呼啸而来，企图侵略你的心智。那时，你是否会感受到一种求生、求进的本能忽然爆发，督促着你去勇敢战斗，去赢得挑战？

当你陷入一个低谷，失去了前进的方向，失去了阳光，当绝望占据了自己全部的内心时，你是否会听到一个声音，来自你内心深处，呼唤着你的坚强，让你想到曾经拥有过的那些梦想。

这一切的力量，全都来自心念。

万法唯心造，心念之力存在你意识深处，无时无刻不在影响着你前进。

起心，动念，心清，念勇，你的身体也会随之发生奇妙的变化，充满无限的能量，甚至你的眼睛也会随之看到你想要看到的世界。

若这心念是消极悲观的，你的身体也随之颓然，甚至会积累毒素。若这心念充满了阳光，那么你的身体也会随之感受到温暖，似乎拥有了全宇宙的能量。

爱因斯坦曾经说过，一切物质都是波动的现象，都是人类的错觉。在宇宙之中，只存在场和物质这两种东西，而事实上，物质也不过是场中场强特别高的地方。如果他所说真的揭示了世界的本源存在，那么心念无疑就是场中最强大的一种，因为它构造了你的内心，而无数的内心场又构造了这个世界。

能否做到心清，不止影响着你自己，也影响着你所生存的环境，乃至整个社会。从个人，到家庭，到世界，甚至到全宇宙，心念都和我们息息相关。当我们都变得坚强、勇敢，追求健康、幸福的生活，那么社会也会因此变得安定，世界自然也会变得和平。

一切从心而起，心清无畏，让心念之力改变你的人生。

唯有心清，方能不惧不退。

目录 Contents

唯有心清，才能勇敢面对

Part 01

真的梦想，需要你一言不发

这个世界的嘈杂来自于内心的不平静，
而当你的心中终于有了坚定的向往，
那样的世界必然是寂静的，
因为再也没有任何声音可以影响到你的内心，
你能听到的也只有自己心底的声音，
它让你变得恬淡而又安详，
坚强而又勇敢。

有梦想，才能让你活得像个人一样

梦想，真是一个老生常谈的话题，可是却总有新意，因为不管时代怎么改变，人类总是需要梦想的。

从树上来到陆地，从生肉到熟食，人类曾经的梦想非常实际，一餐饭与一瓢饮都足以让我们收获梦想实现的快乐。而随着精神世界的充足发展，我们的梦想也越来越不切实际，甚至很多时候不需要别人来质疑，自己就会先自问：这样的梦想要不要去拥有？

梦想有如抽屉里一封久已写好的信，你周密计划，细细描绘，一直想着将它投递出去，接到的人会是什么反应，但却又一直犹豫不决。

一条蚯蚓应两粒种子的要求介绍外面的世界：

“外面的世界不像这里这么潮湿、黑暗、憋闷，那里有明亮的阳光、悦耳的鸟鸣、和煦的春风。”

“外面的世界真好，我真想马上去看看。”两粒种子异口同声地说。

“但外面也有无边的黑夜、寒冷彻骨的霜冻、力大无穷的狂风和可怕的暴雨。”

“啊，好可怕。”一粒种子说，“我还是躲在这里比较舒服。”

“我不怕！”另一粒种子说，“为了享受阳光、鸟鸣和清风，我什么都不怕。”

后来，第二粒种子勇敢地钻出了地面，在阳光和清风的沐浴下开花、结果，尽管会有寒冷、狂风、暴雨的考验；第一粒种子却只能在泥土中慢慢腐烂。

如果你拒绝生活中的凄风苦雨，那么你同时拒绝的还有阳光和清风，最终你只能像第一粒种子一样慢慢枯萎。人生不可能一帆风顺，梦想也需要不断受伤、不断痊愈、不断成长，受伤能使人越来越坚强，也能让人的梦想成为真实的脚步。事业也不可能直线上升，需要不断遭受挫折、不断战胜挫折，只有在这一过程中螺旋上升，逐渐积累资源、财富、优势，才能达到顶点。

正如大海里没有礁石就激不起浪花、生活中没有挫折就锻造不出强者，梦想也不可能不受伤。战胜了挫折，我们就是英雄，就能主宰自己的命运。即使人生布满了荆棘，我们也要笑着走过！

在英国国家海事博物馆里，有一艘伤痕累累的船。这艘船1894年试航，在此后的多年航程中，它曾遭遇138次冰山、116次触礁，还曾13次起火，被风暴刮断桅杆更是多达207次，尽管遭遇过这么多次灾难，但它从未沉没。英国劳埃德保险公司基于它不可思议的经历及在保费方面带来的可观收益，把它从荷兰买来捐献给了国家。

后来，一个偶然的机会，一位律师在博物馆里看到了这艘船。当时，他刚刚打输了一场官司，委托他打官司的人也自杀了。尽管这不是他第一次打输官司，也不是第一次遇到委托人自杀，但他的心还是蒙上了一层浓重的阴影，为了排解负罪感和挫败感，他选择了旅行。律师看到这艘船后大受震撼，跟这艘船在海上经历的无数灾难相比，自己的这点失败算得了什么？委托人在生意上的失败又算得了什么呢？

后来，这位律师把这艘船的经历抄下来，连同船的照片一起挂在他的律师事务所里。此后，他每接一桩经济案子，都建议委托人看看这艘船，并告诉他们：船在大海上航行，没有不带伤的。

这艘伤痕累累的船，为什么还要航行？原因很简单，它是一艘船，生来就是为了乘风破浪！它的梦想并不是停靠在港湾里等待腐朽，所以每一道风雨留下的伤痕都是对它最佳的奖赏。

我们每个人都是一艘航行在海上的船，时时面临风暴、暗礁、急流、险滩。可以这么说，挫折是人生的伴侣，从出生时的第一声啼哭、学走路时的第一次摔跤、学习中的第一次失利，到恋爱中的第一次伤心、工作中的第一次失误、生意场上的第一次失败，困难和挫折便如影随形，但我们不能因此而拒绝生命，更不能因此忘记了自己的梦想。

在实现梦想的道路上，挫折、磨难是难免的，更是必备的。

任何人都不愿意承受磨难，任何人都会因此而痛苦，然而，在人生的旅途中，你不觉得正是风雨磨炼了我们的意志，锻炼了我们的能力，坚定了我们的信念，使我们更加坚定、稳健地走向自己的梦想吗?

挫折与磨难，是梦想的小伙伴，它们并不可怕，可怕的是失去战胜困难与磨难的决心和勇气。

邓亚萍在世界乒乓球大赛中为中国赢得了无数荣誉，树立了中国乒乓球业绩的一个里程碑，她的球技被世界体育协会所研究。当人们在赞叹邓亚萍取得的成就时，谁又知道邓亚萍曾经历了多少挫折、战胜了多少困难呢?

邓亚萍从 4 岁开始就学习乒乓球，几年后技艺超群。8 岁时河南省集训队招新队员，邓亚萍满怀信心地报名参加，却因为“个子太矮”没有被录取。

在实现冠军梦的道路上，这样的打击几乎是致命的。被否定之后，邓亚萍虽然难过，但没有灰心，继续坚持自己的梦想。后来，邓亚萍如愿进入了郑州市乒乓球队。在艰苦的训练中，她经常因为无法在规定时间内跑完 3000 米被罚，因此不被教练看好，失去了很多参加比赛的机会。但是邓亚萍并没有沮丧，而是更加坚定了奋斗的信念。她顽强地坚持训练，绑着沙袋练习跑步，球技训练也总是超时。

有的时候，梦想有一种神奇的魔力，甚至可以超越人体生理带来的限制。经过几年顽强拼搏，邓亚萍取得了巨大的进步，逐渐在球队中崭露头角，并最终代表国家队出征世界乒坛。

当这个小个子的中国女孩屡次站在世界领奖台之上时，人们赫然发现她曾经的劣势成了优势，她经历的磨难成就了她。

你能不承认那些磨难是梦想不可分离的小伙伴吗?

对于这一点，发明之王爱迪生有最深切的体会。

爱迪生的实验室曾经突遭大火，实验设备和苦心记载的资料付之一炬。面对这场灾难，爱迪生平静地说:“灾难有灾难的价值，我的错误全部烧掉了，现在可以重新开始。”

要知道当时的爱迪生已经满头白发，遭遇这样的重创对于一个年富力强的人来说都极为可怕，可是爱迪生一笑置之，重新振作，重新开始了实验。因为他深知若是因为这场大火而止步，这才是真正的悲剧。这样的人生才算是废掉了。

“故天将降大任于斯人也，必先苦其心志，劳其筋骨，饿其体肤。”要想拥有一个有所作为的人生，就应该做一个敢于面对挫折、敢于挑战挫折的强者。

人，生来都肩负着自己的使命，可是很多人却忘记了。

人生并不是用一个姿态重复地活了多久，而是不断追逐、突破，去完成那些让你心心念念不能忘却的使命。有梦想的人生，才值得活。

有梦想的人生，才算是活了一场。

赐给你光芒，赐给你一腔孤勇向远方

有一种光芒，来自于胸腔的左方，带着一种不可抗拒的力量，点燃你的眼睛和天空。这样的光芒与生俱来，可是在它绽放之前，你却不得不在黑暗之中摸索前行。所以，你要一直走，带着一腔孤勇，一直走到可以被这束光照到的地方去。

在现代通信工具发明之前，人类确实经历了一段“通讯靠吼”的时代。所以有线电报的出现，可算得上是人类文明向前飞跃的一大步。

但你要知道，任何一次文明的进步肯定都不是在枕头上取得的，为了这束光的出现有人曾经在黑暗之中孤独前行了许久。

1844 年，有线电报诞生了。

然而，远隔重洋的欧亚及美洲大陆的人们却依然无法享用这一先进的科技成果。

年轻的企业家菲尔德看到这一切，感觉到胸腔有一团火在燃烧。没错，就是那个叫作使命与梦想的东西。于是，他决定挑起这个重任。

为此，他投入了所有财产。

首先，菲尔德购买了两艘战舰，开始铺设海底电缆。他每天从早忙到晚，有时候连吃饭的时间都没有，看着电缆一天天向前延伸，菲尔德心里很高兴。可就在这个时候，不幸的事发生了，一夜之间，已经铺设的电缆全部消失不见。

菲尔德并未气馁。第二年，他再次出发。不过，四天后他和同事们就遇上了风暴，铺设的电缆再次消失得无影无踪。

菲尔德越挫越勇，开始了第三次出航。这次海底电缆终于铺设成功了。然而，没过多久，电缆却又莫名其妙地中断了信号，使得很多人都骂他是骗子。

这一次的挫败对菲尔德的打击颇大，但他就这样孤独地等待着，前行着。

6 年后，当人们已经开始遗忘这件事时，菲尔德第 30 次远渡大西洋来到伦敦，重新购置巨轮，又开始了铺设电缆的征程。这一次的出航依然并没有想象中那么顺利，也经历了两次失败，但在 1866 年，他终于将美洲和欧洲的海底电缆连接在了一起，使得天涯变成了咫尺。

梦想绽放光芒的时刻并没有时间表，一次失败不代表永远的失败。菲尔德怀揣着一腔孤勇，坚信只要还有必胜的信念，只要没有放弃，他就必将走向成功。

是的，坚持就是胜利。

最初的梦想，紧握在手中；最想去的地方，怎么能在半路就返航?

跌倒 100 次，也要第 101 次站起来。而支持你站起来的那股力量，就是你内心的勇气。

梦想并不是用来放弃的，因为你有一口气不能忍。人生来不是被打败的，因为你有梦想的力量，足以让你变得坚强。所以无论多少次的挫折，只要有这一口气在，都不能打倒你，除非你自己放弃。

有位朋友说:“我不害怕失败，但我害怕连续的失败；我不担忧厄运，但我担忧连番的厄运。”

事实上，看看身边那些慨叹、惋惜自己曾经梦想的家伙们，在一次打击面前能保持信心和斗志的人很多，但在多次打击面前还能保持信心和斗志的人却很少。因为他们的心中，那份孤勇已经不见，又如何看见梦想的光芒?

而这一点，恰恰是成功的关键，因为人和人的能力差距并不大，区别只是在于你倒下时别人却再一次站了起来，你放弃时别人却选择坚持下去。

在 20 世纪三四十年代，美国的种族歧视还比较严重，黑人处处受到排挤和不公正待遇，在这种情况下，你相信一位出身贫穷的黑人小男孩会取得卓越成就和傲人的社会地位吗?

1927 年，一场洪水冲垮了密西西比河的大堤，冲毁了许多人的家园，并把一个 9 岁的黑人小男孩卷入河中，在洪水即将吞噬小男孩的一刹那，母亲用力把他拉上了堤岸，小男孩死里逃生。

1932 年，这个多灾多难的小男孩小学毕业了，当地阿肯色州的中学不招收黑人，男孩面临辍学。母亲为了能让他继续读书，做了一个惊人的决定，让他到伊利诺伊州的芝加哥读中学！家里没有钱交学费，母亲只得让他复读一年。为了攒够他的学费，母亲要为 50 名工人洗衣、熨衣和做饭。

第二年夏天，家里凑足了学费，母亲带着男孩踏上火车，奔向陌生的芝加哥。在芝加哥，母亲靠当佣人供男孩读完了中学和大学。大学毕业后，男孩创办了一份杂志，但最后关头，他却因为没钱付不起邮费，没办法给订户发货。

要放弃吗？可是内心有个声音在说：不能！

男孩求助于信贷公司，对方答应贷款，但要求他拿不动产做抵押。当时，他和母亲生活艰难，唯一的不动产就是母亲分期付款了好长时间买的一批新家具。尽管这批新家具是母亲的最爱，但她最后还是忍痛割爱拿给儿子做了抵押。

几年以后，那份杂志获得了巨大的成功。男孩终于有能力回报为他付出了一辈子的母亲：他将母亲的名字列入他的公司花名册，并告诉她算是退休工人，再不用工作了。那天，母子二人喜极而泣。

但好景不长，男孩的事业遭遇低谷，遇到了难以想象的困难和挫折。在一次次努力均告失败后，男孩伤心地告诉母亲："妈妈，我这次真的失败了。"

母亲问他："儿子，你努力试过了吗？"

"我很努力地试过，但都没有用。"

"你真的非常努力吗？"

"我非常努力。"

"那好，接着去努力，只要你努力去尝试，就不会失败。"母亲斩钉截铁地说。

母亲的话给了男孩力量，他尝试、失败、又尝试……最终，男孩渡过了难关，事业从而登上了新台阶。后来，这个男孩又创办了一家出版公司，拥有了三家电台。

这个黑人男孩就是驰名世界的美国《黑人文摘》杂志创始人、约翰森出版公司总裁、拥有三家电台的约翰·H·约翰森。

一个贫苦的黑人男孩，竟能白手起家，成功创业，超越无数白人，取得非凡的成功，这是多么传奇的人生。然而，纵观男孩的成长和创业过程，哪一步不是伴随着困难和挫折，只要放弃一次，世界上就不会有一个这样的约翰森！

奋斗的路上是孤独的，你要让内心那份孤勇保持旺盛的生命力，即便眼前是一条艰险而布满荆棘的路，也要咬牙坚持到底。因为只有走到最后的人，才能享受到成功的甜美果实，才能被那光芒照耀。

但可惜的是现实生活中，很多人中途放弃，越接近成功，路上的人就会越少，路途相应也会越艰难，所谓“行百里者半九十”，说的也是这个道理，越到最后关头，越是决定成功与否的关键。

有一个姑娘，她酷爱游泳，也是一名游泳健将，多年来，她一直有一个梦想，打破横渡英吉利海峡的世界纪录。为了这个梦想，她已经付出了数年的努力。

激动人心的时刻终于到来，姑娘准备在这一天向横渡英吉利海峡的世界纪录发起挑战。凭着多年的艰苦练习，她相信自己一定能成功。各路媒体蜂拥而至，想记录下这一特殊的时刻。

姑娘满怀信心地出发了，这是一个难得的好天气，风和日丽、天高云淡，姑娘徜徉在大海中，这真是一种享受！渐渐地，她把陆地远远地抛在了身后，海峡对岸离她越来越近，她似乎能看到对岸的人们在向她招手。

但就在这时，意想不到的情况发生了，天空风云突变、阴云密布，而且还起了雾。雾气越来越浓，对面不见人。姑娘感到自己被雾气束缚住了手脚，体力渐渐不支，她看不到前方的路，甚至辨不清方向。

在感觉自己尽了最后的努力后，姑娘选择了放弃。可她这时距离海峡对岸只有不到 100 米。

当姑娘得知自己离成功如此之近时伤心地哭了，她说："我看不到对岸，我以为还有很远，要知道只剩 100 米，我一定会坚持下来的，我一定能做到。"

那一份孤勇，在迷雾之中消失了，梦想也就此远离，成了终身遗憾。

你曾经是否也犯过跟这位姑娘一样的错误——在距离成功最近的时候选择放弃，因为成功前的一刻是最艰难的，痛苦就像浓雾似的将人们紧紧包围，使人们看不到前方的路，甚至看不到任何希望，就像黎明前那彻彻底底的黑暗！

所以，越是感到痛苦得难以忍受时，越是虚弱得将要虚脱时，你越要选择坚持，越要让那份孤勇坚挺。

1975 年，世界两大拳王阿里和弗雷泽在菲律宾展开了一场"世纪之战"，双方打满了 15 回合，在全场掀起了一阵又一阵的高潮。

其实，在进行到第 14 回合时，阿里已经感到筋疲力尽，没有力气再迎战下一回合了，但顽强的意志使他依然保持着满脸坚毅的表情，双目如电、眼神坚定，仿佛一座巍然屹立、难以撼动的山。他的气势令对手弗雷泽不寒而栗，让弗雷泽以为他仍保存着体力。

阿里的教练敏锐地觉察到了这一点，并迅速将信息传递给了他，让他多坚持一分钟。在这种情况下，弗雷泽和其教练都以为阿里是不可战胜的，遂选择了认输。裁判高举起阿里的手臂，宣布他是胜利者，可阿里还未能走到台中央，就双膝一软跪倒在地，因为他已经耗尽了最后一丝力气。弗雷泽见此情景追悔莫及，并因此而抱憾终生。

成功和失败的距离就是这么短，可能仅仅隔着一分钟！那一百米的孤勇让一个游泳健将抱憾，而那一分钟的孤勇却成就了拳王的精彩！

多坚持一分钟，你就能战胜挫折和痛苦，你就能破茧成蝶，你就能让梦想的光芒照射到自己身上！

有些梦，就是用来放弃的

有时候，梦想也是一种负担。你不得不承认，很多时候的不快乐就来自于那些让你朝思暮想而不可得的梦。

成就人生的梦，就像是一个调皮的小孩，它要从哪一个方向来到你的身边，几乎是一件千古谜题。很多人执着于某一个方向，但经历了千辛万苦之后才发现自己走错了路，反而在别处有了收获，此时的他应该感谢那些错过的梦，还是为自己当初的执着苦笑呢？

有的时候，放弃一些梦想，也许是更好的实现梦想的开始。

梅西生于1882年的波士顿。他是个野心勃勃的人，一心想在商业上干出一番成就。

他先开了一家小杂货铺，主要卖些针线。可铺子很快倒闭了。

他不灰心，另开了一家小杂货铺，仍然赔了个底朝天。

后来，他看到许多人去加利福尼亚淘金，也跟了过去。他开了个饭馆，想为那些淘金者供餐。谁知大多数淘金者都一无所获，穷困得连饭也买不起。梅西的餐馆只好关门大吉。

回到马萨诸塞州之后，梅西开始倒腾布匹。这一次更惨，他彻底破产了，只好远走新英格兰。

在新英格兰，梅西又做起了布匹服装生意。在他的努力下，事业终于走上了正轨。后来，梅西公司成为世界上最著名的百货商店之一。

你永远不知道自己的人生会在何处开花，就像是梅西先生一直捉摸不透自己究竟在什么时候才能时来运转一样。他失败了很多次，也放弃了很多次，但是有一样东西他一直紧握着，那就是努力和尝试。

“老当益壮，宁移白首之心；穷且益坚，不坠青云之志。”当我们哀叹“时运不济，命途多舛”时，不妨想想古今中外这些潇洒名人，看他们是怎样直面挫折、达人知命、笑看人生的。困境没有压垮他们，他们调转车头去做了新的尝试，反而成就了他们千古流传的浪漫情怀！相比之下，我们受到的一点小失败、小打击，又何足道哉？让我们笑对困境，换个方向，尽管风高浪疾，姑且无拘无束地潇洒走一回吧！

中国有句古话——不要好了伤疤忘了疼，意思是警告人们吸取失败的教训，不要再犯相同的错误。可是有人却从这句话里发现了别样的智慧，反其意而用，告诫大家要“忘”！

对于这样的说法，难免有人怀疑其哗众取宠，但这位仁兄却说：其一，人生在世难免会遇到大大小小的伤害，伤口一旦愈合其实对你就不再有什么影响，有的可能留下点疤痕，有的甚至连疤痕都留不下。既然这样，我们有必要念念不忘自己的伤口，在可怜自己、埋怨别人的日子里度过每一天吗？太执着于伤口和伤害必然会影响我们的情绪，让我们以悲观、敌意的心态对待别人、对待生活；其二，有些伤害是别人无心或无意造成的，如果我们豁达大度，以后大家还是朋友，你有困难时还能获得对方的帮助，但如果你对过去念念不忘，不肯原谅别人，别人必然不愿亲近你，久而久之，你的朋友会越来越少，你身边可利用的资源也就越来越少。这对自己有什么好处呢？不如学会忘记和丢弃。

吉姆曾自己开了家公司，开始发展得还不错，后来因为与合作者在一个项目上意见不同，争吵了起来。尽管他很不赞成合作者的意见，但权衡利弊，最终还是向对方低头，屈从了合作者的意见。虽然吉姆做了让步，但对他公司的利益影响并不大，公司仍然在盈利，在稳步发展。吉姆却因为这件事心里不舒服，总觉得自己吃了亏、受了伤害。所以尽管事情已经过去了很久，他依然忍不住要跟别人说起，尤其是和朋友们喝酒时，只要一喝酒他必提此事。

久而久之，所有的亲戚朋友都知道了这件事，有时他本不想提，对方也会在无意中提起。这让他时不时感到伤心、委屈，这样不可忘的伤痛不断刺激着他，让他最后终于忍不住跟合作者翻了脸，两人分道扬镳。

此后，他换过几个合作者，但都不称心，由于合作不好，他们承担的项目都不能保质保量地如期完成，肯找他做项目的客户越来越少，最终他的公司破产了。

“忘”对于现代人来说，几乎可算是一个极高的心理技能了。一个善于遗忘的人必然是高情商的，他可以忘却那些不利于未来发展的事，也可以丢弃那些不切实际的想法，让自己轻装上阵，去迎接更多的挑战。

曾经有一位同事，有一次工作出现失误被上司批评，尽管他明白是自己错了，但觉得上司批评得过于严厉、不给他留情面，心里很憋气。事情过去了好几天，他还忍不住向同事、朋友提起此事，大家不愿得罪他，都附和着说他的上司做得实在过分。如此一来，他对上司的怨恨更加深了几分。

于是，他越发难以忘怀那份“受辱”的情绪，工作中不知不觉地带了抵触情绪，不再全力服从上司的安排，他的工作业绩因此而受到影响。几个月以后，他因为与上司关系恶化、工作业绩不佳而被迫辞掉了这份待遇优厚的工作，踏上了漫长而艰难的求职之路。

由此可见，不肯忘记伤口的疼痛，对自己的事业只能带来危害。其实，不只是事业，家庭又何尝不是这样呢？

有一个年轻的媳妇，因为一件小事与丈夫吵架，觉得受了委屈，于是跑回了娘家。听她添油加醋地一说，爸爸妈妈及兄弟姐妹都觉得不能让她受这样的委屈，现在就这样，那以后她在自己的小家庭里会更没地位。在亲友的鼓动下，她以更加强硬的态度跟丈夫吵闹，甚至恶语相向，尽管当初吵架的原因早记不清了，但双方依然吵闹不断，伤害也越来越深，最终以离婚收场。

人生旅途中，磕磕碰碰总是难免的，遭遇挫折和伤害也是很正常的，如果你选择遗忘，伤口很快就会愈合、生活也会很快恢复，如果你耿耿于怀、过分惦记，反而会导致小痛变剧痛，小伤成大伤。

不要让洒脱的心境只成为万事顺心时的点缀，也不要让苦难成为人生路上的绊脚石，掌握将一切抛诸脑后的“绝技”，你我皆适用。无论身处何时何地，我们都要有笑看风云的勇气和心境。虽然窘境有时会让我们很无奈，但它也能磨炼我们的意志，使我们提升境界，走向成功。所以，不要对它避之唯恐不及，如果躲不过就主动迎上去。

记住坎伯曾说过的话：“我们无法消灭这个世界的苦难，但我们可以选择快乐地活着。”

帕格尼尼是世界著名的小提琴家，但他的苦难却和他的成就一样多。

帕格尼尼 4 岁时患上了麻疹，在强制性昏厥症的折磨下，他差点丧命。等他 7 岁时又得了严重的肺炎，经过大量放血治疗后，几乎丢了大半条命。

他从 13 岁起开始流浪，每天饥一顿饱一顿。在他 46 岁时，灾难再次降临。他的牙床长满了脓疮，只好拔掉了所有牙齿。没过多久，他的眼睛也出了问题，几乎变成了瞎子。

50 岁后，各种疾病接踵而至：关节炎、肠道炎、喉结核……他的声带也坏了，再也发不出声音。57 岁时，他吐血而亡。然而灾难并没有结束，他死后，尸体被搬迁了 8 次，不得安宁。

苦难是帕格尼尼的情人，但他把它拥抱得那么潇洒而热烈。面对这些常人难以忍受的磨难，帕格尼尼没有悲哀也没有绝望，而是“潇洒”地投身到音乐中，创造了让世界落泪的奇迹。

唯有洒脱地面对一切艰难困苦，生活才会变得不再狰狞，露出温和的笑脸。跌倒了不怕，从跌倒的地方站起来；受挫了不怕，从中吃一堑，长一智不再重蹈覆辙；失败了不怕，大不了从头再来，掸掸身上的尘土再拼上一场！

分店遍布全国的肯德基快餐大家都很熟悉，没几个人没有吃过。可你知道肯德基的创始人桑德斯什么时候开始创业吗？65 岁！在他退休之后。

桑德斯上校退休后，领了一笔可观的退休金。此时，上校已经 65 岁了，本该享享清福了。可他在家闲不住，总想出去找点事干。65 岁的老人还能做什么呢？找工作是不可能的。思来想去，上校想到了自己从小练就的一手炸鸡手艺，不禁心中一动，有了主意。白发苍苍的上校开着车，开始拜访一家家酒店，推销自己的炸鸡手艺，可全都遭到了拒绝。

一气之下上校用自己的退休金开了一家快餐店，自己炸自己卖！尽管遭到子女们的强烈反对，但上校矢志不渝，克服种种困难使快餐店的经营走上正轨。上校的炸鸡一炮走红，深受人们喜爱。上校并没有就此止步，而是接着在各地开办分店，并通过授权加盟的方式把炸鸡技艺推广到了全世界，这就是今天我们熟悉的肯德基。

肯德基招牌中那位身穿白西装、面貌和蔼可亲的老人就是 65 岁开始创业的桑德斯上校。上校说得好：“不管你做什么，时间总会过去；不管做什么，现在开始都不晚。”有些事可以忘记，有些事却要一直铭记于心。

在江苏兴化经济开发区，有一位 52 岁才开始创业的老人，他的名字叫吕建国。52岁那年，在企业做了20多年销售的吕建国拿自己买断工龄的1万多元和借来的几万元，创办了“通科管道附件有限公司”。创业伊始，他租了100多平方米的旧厂房，买了2台旧车床，只有2个工人。几年以后，他的公司已是拥有1300多平方米厂房、200万元固定资产、年销售额达500万以上的中型企业。

不管是吕建国，还是桑德斯上校，当他对过往选择遗忘，便是一个全新的开始。

当你艳羡别人的成功时，想没想过他的失败也许比你还多。爱因斯坦被认为是世界上最聪明的人，但他是这样定义自己的成功的:“月复一月，年复一年，我想了又想，有99次的结论是错的，不过，第100次总算对了。”

所以，请一定记住，在没有成功之前，你只是未成功者，而不是失败者。

还记得那只不小心从树上摔下来肚皮被划破了一道小口子的小猴子吗?

为了博取大家的同情，受伤的小猴子指着伤口让同伴们看。大家一边感叹，一边轮流查看小猴子的伤口。

每个猴子查看一次，小猴子的伤口便被撕开一点。最后，小猴子因伤口太大、流血过多而死去了。

所以，该忘就忘，才能更好地前行。

当花开好了，再去尽情地拥抱自己

人生那么美好，你必然要开一次花，才对得起自己到这世界上走了一遭。可是，要开一朵花，必要有朝露和阳光，这样的一条路不好走，你是否已经做好了准备。

美国亚拉巴马州恩特曾颖镇的公共广场上，有一座高大的纪念碑，这是为一种农田害虫——象鼻虫所立，碑身上刻着金色大字：深深感谢象鼻虫在繁荣经济方面所做的贡献。人们为什么会为害虫立碑？这里面有个耐人寻味的故事。

1910 年，一场严重的象鼻虫灾害席卷了亚拉巴马州，虫子所到之处的棉田全部被毁，棉农一无所获。看着颗粒无收的农田，世世代代习惯了种棉花的棉农们不得不尝试着在棉花间套种玉米、大豆、烟叶等各种农作物。结果，棉农发现，棉花的产量并没减少多少，反而还多出了其他农作物的收入。而且，尽管象鼻虫依然在危害棉花，但造成的危害小多了，各种农作物都长得很好。结果，一亩地的经济效益比以前单种棉花时增长了4倍，亚拉巴马州的经济从此走上了繁荣之路，人们的生活也越来越富裕。亚拉巴马人把这一切归功于象鼻虫，所以立碑向它们表示感谢。

象鼻虫给亚拉巴马人造成了损失，但更给他们带来了机遇，使他们改变了传统的种植方式，从而大大提高了农田的经济效益。

我们生活中的事也是这样，坏事可能变好事，好事也可以变坏事，所以遭遇困难、挫折、灾难时，大可不必惊慌，这或许是你生命中的一个转机，你需要的是静待花开的耐心，让时间给你惊喜。

美国著名的短篇小说家欧·亨利曾被冤入狱，这是多么残酷的打击，但他却把囚牢变成了写小说的书房，为了打发时间，他在4年的铁窗生涯中，共写了12部小说，出狱后更是一发而不可收，没想到牢狱之灾反而成就了一位伟大的小说家。

人生处处可以开花，没有什么事是过不去的，当花终于开好了，你大可给自己一个大大的拥抱。

有一位朋友，他在7年前和几个朋友一起创业进入软件行业，从一穷二白、3张桌子、4台电脑、5个人，发展到现在，公司有100多人，年销售额超过1个亿。谈起今天的成功，他说今日的花朵全来自于昨日的灌溉，而这滋养就来自于那些创业路上出人意料的苦难和磨砺，那些拦路虎和绊脚石。

创业伊始，他们开发的软件有一个致命的缺陷，他和另外一位负责研发的工程师曾经连续奋战一个月也没能解决。在这种情况下，很多人都失去了信心，但他没有，他仍然以满腔的热情投入工作，并且还给这个困难起了一个名字——

小菜一碟。

他把这个名字写在旁边的墙上，每当开始投入工作时，他都会开玩笑地说："开始吃小菜了啊！"其他几个同事也时不时为他们加油："别着急，不就是一碟小菜吗？"

后来，经过连续十几天不眠不休的奋战，他们终于解决了这一问题，把产品中的缺陷当作一碟小菜一扫而光，他们的软件也因此大卖。

后来，正当公司发展蒸蒸日上时，他们遭受到了竞争对手的恶意破坏，对手大肆攻击他们产品中一个微不足道的小漏洞，给他们造成了极坏的影响，导致公司的销售额直线下滑，甚至有已购买的客户要求退货。这次，他更不会被这一困难吓倒，他把这次挫折命名为"小 case"，从两方面向对手发起反击。

一方面，他组织研发力量以最快的速度弥补了产品的这一漏洞，并免费为所有客户进行产品升级；另一方面，他利用媒体对这次产品升级进行宣传，并攻击对方产品的缺陷。在他的全面部署、正确决策之下，这个"小 case"很快被解决了。

之后，他的公司还遭遇过资金链紧张、核心技术人员离职等诸多问题和麻烦，每次他都会给困难起个名字，比如，"拦路虎""硌脚石"等，然后斗志昂扬地克服这些困难。

诚然，他是一位睿智的人，他通过起名字这种方式藐视困难、鼓舞自己的信心，然后再想办法战胜困难，收获自己的花开。我们每个人的生活和事业中都难免遇到困难和挫折，如果你害怕，困难就会成为一座大山，直到把你压垮；如果你藐视它，困难就会被你踩在脚下。而当你终于等到花开那天，又有什么苦难值得挂齿呢。

在古老的印度，有一个流传很久的故事。

一个年轻人，要离开家乡去开创自己的事业，他想取得自己的人生成就，摘得属于自己的那朵花。临行前，他去拜访德高望重的老族长，请教成功的秘诀。老族长送给他三个字——不要怕。

30年后，这个年轻人已步入中年，也取得了不小的成就，当然，也经历了不少伤心和失意之事。他回到家乡，当年的老族长已经去世，给他留下了一封信。他拆开信封，看到了三个大字——不要悔。下面还有一行小字：这六个字就是人生的秘诀。

联想到当年老族长送给自己的“不要怕”，这位中年人感慨万千。

一个“怕”字和一个“悔”字，让多少的梦想之花枯萎，遮蔽了多少原本可以照耀到大地的光芒。

举世闻名的大文豪巴尔扎克考大学时，父亲希望他将来做一名律师，所以他顺从父亲的意愿，报考了某大学的法律系。

但四年的大学生活使巴尔扎克的思想发生了很大变化，他对文学的兴趣与日俱增，以至于毕业后他毅然放弃了自己的专业，转而搞起了文学创作。父亲得知后大为震怒，斥责他不务正业，要求他尽早回头，否则就要中断他的生活费。

面对父亲的威胁，巴尔扎克并没有回头，而是继续自己的文学创作。世上的任何事都不是一帆风顺的，巴尔扎克的文学之路也注定不是坦途。接二连三的退稿很快使他的生活陷入了困境，没有了父亲的经济支援，巴尔扎克甚至连肚子都填不饱。他只能向朋友借债，每天以白开水和干面包充饥。但经济上的困难并没有将巴尔扎克打倒，他凭着自己的顽强意志坚持创作，有时实在馋了，就摆上几个写着“香肠”“牛排”等美味的空盘子，想象自己正在品尝山珍海味。

几年之后，巴尔扎克终于迎来了自己生命中的春天。他的作品不断出版，受到了广大读者的喜爱，后来更是风靡世界。

巴尔扎克正是凭着自己顽强的意志、不变的信念克服了拮据生活中的种种困难，一步一步走向了成功。同时，这段艰难的生活也大大激发了他的文学潜能，丰富了他的创作素材，使他对人生、对社会的认识都达到了一个新的高度。

没有人愿意遭遇危机，但是，危机常常不期而至，威胁着梦想之花。面对危机，我们不应只看到其中的危险和悲惨，还要积极地开动脑筋，发现其中蕴含的“机遇”，把危机变成转机。

把危机变成转机，并不是自欺欺人之语，而是有切实的科学依据。一般来说，突如其来的打击会打破以往的生活习惯和思维习惯，使人们受到前所未有的冲击，这就容易使人们以全新的视角来看待自己、看待他人、看待社会，发现以前所忽略的机会。同时，这个艰苦的过程也往往能激发出人们自身所隐藏的巨大潜能，使其能力在不知不觉中有了提升、观念在不知不觉中得到改变，进而有力量一举扭转局势，获得更大的成功。

所以，面对挫折或灾难，我们首先应该抛开畏惧心理，冷静面对，用坚定的信念鼓舞自己；其次，我们要静下心来积极思考，努力寻找可以利用的有利因素；最后，积极行动起来，大胆创新，最大化地利用有利因素，改变不利的局面。

20 世纪 30 年代，一场深重且持久的经济危机席卷了资本主义世界，美国哈里逊公司的经营也出现了困难，但这只是灾难的开始。1933 年，一场突如其来的大火把公司的厂房、设备、存货等全部化为了灰烬。

面对从天而降的灾祸，不只管理层，3000 多名员工也目瞪口呆。他们估计，公司即使能维持下去，也会大幅裁员，在当时如果陷入失业，命运无疑会非常悲惨。他们只能悲观地回到家里，惴惴不安地等待即将到来的厄运。

但出乎大家意料的是，月底时，公司以董事长的名义给每个员工寄来了一封信，感谢他们这些年来对公司所做的贡献，并随信附上了本月工资。

一个月后，正当工人们又开始为生活发愁时，董事长的信又来了，又给他们寄来了一个月的工资。公司在如此艰难的情况下能做出这样的举动，让员工感动得热泪盈眶。他们自发地涌进工厂，有的自己动手清理废墟、重修厂房，有的积极主动地联系中断的业务，每个人都把工作当作自己的事情，不计报酬、不计代价，目的只有一个——尽快让公司恢复运营、挽回损失。

3 个月后，在哈里逊公司原来的废墟上矗立起了新的厂房，公司不但恢复了运营，而且业务量大增。现在，哈里逊公司已经成了全美国最大的纺织品公司，其分公司遍布五大洲的 50 多个国家。

灾难给了哈里逊公司毁灭性的打击，但灾难同时也催生了奇迹，公司的管理层巧妙利用这次危机，大大激发了员工的潜能，创造出了惊人的效益。在人生的漫漫长路中，埋伏着各种艰难困苦，甚至是毁灭性的打击。能够拯救我们的，只有自己的信念和智慧。别人或许可以为你加油、助威，但是假如你丧失了斗志，就必输无疑。

《圣经》中说：“你若不压橄榄成渣，它就不能成油；你若不投葡萄入榨，它就不能变成酒。”而在现实生活中，我们却深切地感受到：你若不让自己朝前走一步，梦想的阳光永远都照耀不到你的内心深处。也许你曾遭遇到各种苦难，可却正是这样的苦难让你的心灵和肉体得到了磨炼，让你痛不欲生之后，赫然发现生命之花是多么绚烂。

你有的只是现在，不要留给以后

每一个人的存在都有他自身的价值，就算是一颗小小的石子，也会在某个雕塑身上承载最关键的作用。而要实现自己的价值，我们所要面对的是自我的解放。恰如爱因斯坦曾经劝解一个碌碌无为的年轻人时所说的一样：你的价值，需要你先将自己在此刻释放。因为他并不是因为成为科学家而拥有了有价值的人生，而是从他发现自己价值的那一刻开始，才拥有了真正有意义的人生。

乔尔达·布伊思是英国著名的沙雕艺术家，他的手被誉为“点沙成金”的手，他的很多作品都被放入国家级博物馆进行展览。

很多看过乔尔达·布伊思作品的人都认为他是天生的艺术家。事实上，少年时的布伊思只是出生在海边的普通渔家的孩子，他的母亲很早就去世了，父亲为了谋生几乎长年都在海上。

布伊思并不喜欢上学，也没有显示出什么艺术天赋，整天忙着编各种各样的理由逃课，和一帮小混混在一起胡闹，也没有人能管得住他。

一天傍晚，他像往常一样喝得醉醺醺地往家走，路过海边的沙滩时，看到前面有一个人在那里堆沙子，于是顿时起了恶作剧的心理，一脚就将那堆沙子踢得乱七八糟。

堆沙子的人是一个中年人，看到布伊思的行为，只是默默地摇了摇头，换个地方重新开始。布伊思又走过去，踢散了那堆沙子，并且挑衅地说："我今天就不让你在这儿瞎弄，怎么样啊，大叔？"

中年人并不理他，这反而激起了布伊思的怒火。当下，布伊思借着酒意就动起了手。警察闻讯赶来，将布伊思带走了。布伊思并不在意，因为打架斗殴进警局对他来说已经是家常便饭了。

刑满释放后，布伊思再次在沙滩上遇到了那个中年人，看到那人还在那儿堆沙子。布伊思不禁感到好奇，于是走上前问："大叔，这沙子里面有宝贝吗？"

中年人看到是布伊思，只是笑笑说："年轻人，宝贝是有的，但是需要这双手去创作。"他递给布伊思一张参观券，说："有时间的话去看看吧！"

布伊思随手将参观券一团塞进上衣兜里，在一旁看了这个中年人好久，也想不明白他这么专心是为什么。回到家中，参观券从衣服里掉了出来，布伊思看了看，因为没上过几天学，只认得时间是周六，而地址就是离家不远的一家艺术拍卖中心。

到了周六，带着强烈的好奇心，布伊思来到了艺术拍卖中心。布伊思看到里面的人都穿着体面的衣服，举止谈吐彬彬有礼，和自己仿佛是两个世界的人。布伊思看了看自己破旧的衣服，回想起自己平时粗俗的行为，忍不住感到自惭形秽。

拍卖会开始了，看到天价的艺术品，布伊思终于明白中年人让自己来的目的。中年人就是这次拍卖艺术品的作者——艺术家哈里洛雷·森根，而他做出的那些沙雕，拍卖价格有的都达到上万美元。

布伊思从来都没想过在沙滩上一文不值的沙子在这里可以价值连城。这次经历为他展现了一个他从未见过的世界，让他受到从未有过的震撼。

布伊思离开的时候被森根叫住，被问道："年轻人，知道沙子中的宝贝是什么了吧？"

布伊思有点领悟，可是又说不出来。看着这个一向痞里痞气的年轻人第一次面红耳赤的样子，森根知道自己这次是做对了。

回家时再次路过那片沙滩，布伊思蹲下，拨弄着金黄的沙子，想着森根和自己说的话："对于海边的孩子来说，沙子是再平凡不过的东西了，可是如果能够珍视，并且仔细雕琢，也是能够价值连城的。"

这时，布伊思突然为自己荒废掉很多时间而后悔。于是，他决定改头换面，重新回到校园认真读书，并且拜了森根为师。

经过好多年的努力，布伊思终于青出于蓝而胜于蓝，成了享誉全英国的沙雕大师，而他的作品件件都是当之无愧的价值连城的珍品。

后来在哥伦比亚大学演讲时，布伊思说了这样的话：“我天天走在沙滩上，却从没想过沙子的价值。它被建筑工人应用，可以是高楼大厦的一部分；它被海里的蚌含住，可以日积月累成为珍珠；它被艺术家运用，可以成为艺术品。就像我们的人生一样，再平凡的人，再平凡的职业，只要你肯细心雕琢，你也能成为人生舞台上闪耀的明星。”

沙子原来是沙滩上最不值钱的东西，可是，它经过雕琢便成了艺术品。同样，只要你肯用心去对待，再平凡的职业，再平凡的角色，也能因为你的用心而变得与众不同。要知道，在这个世界上，没有平凡的职业，只有不愿意努力的平凡人。

这个世界还有多少个“布伊思”一样的天才正在过着懵懂的日子，荒废着自己的才华与光阴？而你是否也是其中一个呢？也许你总是想着自己不过是一粒平凡的沙子、不过是茫茫人海之中最普通的一个人，却忘记了自己内心的光芒。

从此刻起，发现你内心的光芒，你就会不一样。

迈阿密是英国阿福尔斯通小镇里著名的酱油王子。不过，在成名之前，迈阿密从来不知道自己某天居然能成为小镇里的名人。

迈阿密是家里的独子，在他很小的时候，他就被告知将来要继承父亲的手艺生产酱油。这曾让迈阿密觉得很自卑。很多同学在讲自己的伟大理想的时候，迈阿密总是保持沉默。他不敢告诉伙伴，自己不能有理想，因为他必须继承父亲的酱油厂子。这是无法改变的，因为他从来都不敢反抗自己严厉的父亲。

所以，每次遇到关于理想的作文，迈阿密都故意交白卷，他想以此来宣泄自己内心的不满。后来，老师发现迈阿密的异常，便找到了他。

老师问迈阿密为什么交白卷。迈阿密把事实告诉了老师，他对老师说，他觉得他的人生暗淡无光，他的人生似乎必须跟黑黑的酱油牵扯不清，这让他觉得非常没面子。他觉得他的人生不再有光彩，不再像其他想当医生、律师的伙伴们那样体面。最后，迈阿密还对老师说："亲爱的奥雷斯先生，我觉得我的人生一点儿价值也没有，就这么活下去，成为一个最平凡普通的人，过着可以被一眼看到底的生活，这样的日子有什么意思呢？"

这时，迈阿密的老师惊讶地看着他。老师告诉迈阿密，世界上并不是只有政客、明星和大商人才能在人生舞台上大放光彩，也不是只有律师、医生才能体面地生活。事实上，每个人的人生都价值连城。只要愿意相信人生，愿意放大自己的价值，每个人都是人生舞台上的主角。

迈阿密的老师还告诉迈阿密，不管他将来需不需要继承酱油事业，只要他愿意相信自己的价值，懂得放大自己的价值，那么他绝对能成为受别人尊重的人，他也绝对能拥有价值连城的人生。

听完老师的话，迈阿密似乎不再那么排斥要接受酱油厂子的事情。后来，迈阿密的父亲在一场事故中丧失了工作能力。为了家里的酱油厂子，迈阿密不得不退学，整天和脏脏的工人一起捣鼓酱油的事情，这让对生活萌生信心的迈阿密再次绝望——过现在这样的生活，可真不是他想要的人生啊！

那段时间，迈阿密最害怕走在路上，因为他害怕看到别的伙伴背着书包的样子，他害怕别人嘲笑他是个工人的事实，他觉得自己的人生已经走入绝境。

有一天，迈阿密再次遇见自己的老师奥雷斯先生。他的老师再次鼓励他在自己的岗位上干出成绩，体现自己的人生价值。临别时，奥雷斯还对迈阿密说了一句意味深长的话。他说："你如果觉得自己只是个工人，那么你永远只是个工人，此刻的你可以成为更好的你。"

回到酱油厂子，迈阿密反复咀嚼着老师的话。他看着只有五个工人的酱油厂子，突然萌生了要把它做大做强的愿望。回到家里，迈阿密对躺在病床上的父亲说："亲爱的父亲，我会让酱油厂子变成大型加工厂，再打造出全镇、全英国最著名的酱油品牌。"

这时，迈阿密的父亲并不相信迈阿密的"狂言"，他对儿子说："亲爱的迈阿密，我只希望你能把我们家的酱油厂做下去，对得起那些喜欢我们家酱油的老顾客就可以了。"迈阿密听完父亲的话，并没有因此打消自己的信心。

果然，经过了 3 年，迈阿密成功地将仅有 5 个人工作的酱油厂子变成了 100 多人工作的中型加工厂。规模扩大了，接下来的问题就是如何提高酱油的知名度。这时，做广告是迈阿密的首要选择。

迈阿密对下属说："我要在小镇上最热闹、最繁华的位置上放我们'好酱油'的广告。"不过，信心满满的迈阿密很快就碰到了钉子，但凡他看得上眼的广告位置的租金都要好几十万元，昂贵的价格让迈阿密退却了。

又要止步在今天吗？又要在这一刻画下终止符吗？迈阿密的内心充满了不甘。这个时候，他突然想到了老师的话：放大自己的价值。他心想，他也可以放大自己酱油的价值。于是，迈阿密选来选去，选了一个川流不息的十字路口作为自己广告的宣传地。

当时，很多员工看到地段都对迈阿密说，那是个糟糕的地段，并不能提升酱油的知名度。不过，迈阿密笑而不答，因为他心里认定那个地方的人流量比较大，价位也合适，非常适合投放自己的广告。他还让员工耐心等待 4 月 1 日的来临，因为届时，将会有个隆重的广告登场。

等到 4 月 1 日愚人节的时候，“好酱油”厂里的员工纷纷跑到广告的宣传地。结果，大家根本没有发现“好酱油”的广告，这几乎成为愚人节最成功的谎言。在指定的广告位置上，非但没有出现“好酱油”的广告，还出现了一行招租的信息，上面写着：“最火爆的广告位置留给最尊贵的您，此广告位招租，租金一年 100 万英镑。”

天哪，这几乎是整个英国广告费用最高的地方了吧！于是，每个过往的人都会下意识地朝这个广告位置看过去。渐渐地，大家都知道这个地段有个价格贵得离谱的广告位。大家纷纷议论究竟会不会有哪个家伙真的花 100 万元租下这个广告位。就这样，天价广告位的消息在小镇上炒得沸沸扬扬。

一个月后，“好酱油”的广告成功地登陆在这个天价广告位置。一下子，“好酱油”成名了，销量也成倍地提升了。就这样，迈阿密凭借放大价值成功地提升了“好酱油”的知名度。

后来，有员工识破了迈阿密的诡计后，问他："天哪，您怎么能如此厚脸皮地夸大'好酱油'。事实上，'好酱油'的广告费用完全不可能达到100万英镑。"结果，迈阿密笑了笑说："要相信自己产品的价值，就像相信你自己的人生价值一样。"说完，迈阿密还对员工说："下个目标，我要让'好酱油'成为全英国最昂贵的酱油。"听到这话，很多员工都张大了嘴巴，觉得迈阿密在做白日梦。

结果，迈阿密花了5年的时间，再次实现了自己的目标。还记得当迈阿密带着"好酱油"来到英国奢华的西餐厅时，遭到经理毫不留情的拒绝。因为经理告诉迈阿密，"好酱油"听起来很俗气，一点儿格调也没有。但是，迈阿密却淡定地告诉经理："这是一瓶能体现你人生价值的酱油。你吃着高级的西餐，搭配着'好酱油'，你会发现只有成功的人生才可以拥有如此美味的酱油。"

这时，经理对迈阿密的话半信半疑。迈阿密给经理支个招儿，他建议经理把"好酱油"放在备选调料里，然后在"好酱油"旁边附上一张纸条，纸条上面写着：这是一瓶能体现你尊贵身份和人生价值的酱油，请敞开心灵享用它。

经理按照迈阿密说的方法去做，没想到越来越多身份尊贵的客人都乐意使用"好酱油"。就这样，"好酱油"走进了英国各大高级的西餐厅，成了高级的酱油品牌，迈阿密也成了小镇上出名的"酱油王子"。

迈阿密不再否定自己，他的收获让我们看到：只要你愿意相信，你的人生就价值连城，你不再是现在的你，你也不是个卑微的人，而是你人生的主角。任何人和任何物品的价值，一经放大就很容易被发现。所以，就从此刻起，拒绝自我否定，请拿着放大镜看清自己的价值，你会看到一个如此潜力无穷的你，以及一个无比美好、等待你拥有的未来。

没有过努力，你的梦想只是空想

在浩如烟海的各种励志演讲中，我们可以发现很多的演讲大师说了一大篇，最终的一句话是：去做！任何的梦想都需要经过我们的双手才可以缔造，所有的成功人士几乎都具备相似的品质，譬如说勤奋、认真，譬如说严谨、踏实。而他们获得的成就，无一例外都饱含着汗水，因为没有任何努力的梦想全都是无意义的空想，只有付出，才会有收获。

19 世纪，在美国一个清贫的农民家庭里，一个叫亚伯拉罕的男孩出生了。他从未享受过真正的童年，从小就包揽了家里很多重活。因为家里贫困，男孩没有得到良好的教育，反而为了维持家计，在少年时就外出做工，吃了很多苦。

来到新的城市，男孩并没有固定的工作，靠四处打工养活自己。尽管天天都有艰苦的劳作，但是男孩一直都保持着爱读书的习惯，因为他不甘于眼前的生活，而他深知要改变这一切只有靠自己。不管工作有多辛苦，他总是抓紧一切时间补充自己的知识，通过孜孜不倦的自学，他成了一个博学而充满智慧的人。

好日子没过多久，在他获得一份安稳工作的几年后他就失业了，虽然很伤心，但是男孩没有气馁，反而下定决心要从政，可惜第一次竞选就失败了。在别人的眼里，一年连续两次的打击让男孩很痛苦，可是男孩却告诉自己：至少我尝试了！

男孩拿出自己所有的积蓄，开办自己的企业，可是经营不到一年，这家企业就倒闭了，还为他带来了巨额的债务，让他在此后的 17 年都为了偿还债务而四处奔波，历尽苦难。男孩重整旗鼓，再次竞选州议员，在公开演说时，他大胆地抨击了当时的黑奴制度，并且提出了一些发展公众事业的建议，在公众中有了影响，再加上他杰出的人品，终于成功当选。

生活看似有了转机，让男孩重新燃起了希望。可是一年后，就在他结婚前夕，他深爱的未婚妻离世，这件事极大地打击了他，让他病了数月，并且因此患上了精神衰弱症。

当他感觉身体终于好了一些时，他决定竞选州议会议长，失败了；又参加竞选美国国会议员，同样以失败告终。

面对自己一次次的努力，换来的却是一次次失败，很多人遇到这样的情况可能都会放弃，可是男孩并没有，反而更加坚定信念，继续默默地努力。

终于，男孩在一次竞选国会议员时顺利当选。在两年的任期里，他尽职尽责地完成自己的所有工作。在任期快结束时，他认为自己作为国会议员的表现是很出色的，决定争取连任，并且相信选民会继续选举他。但结果却很让他失望，他再次落选。

因为这次竞选他赔了一大笔钱，此时已经成长为男子汉的亚伯拉罕想要申请当本州的土地官员，可是申请却被州政府驳回，他们还敷衍他说："做本州的土地官员要有卓越的才能和超常的智力，你未能满足这些要求。"

失败接踵而至，亚伯拉罕却没有服输，而是继续朝着既定目标努力。在接下来的几年中，他竞选参议员失败了；竞选美国副总统提名，得票不到 100 张，又失败了；又一次竞选参议员，结果还是失败。尽管如此，亚伯拉罕却从未放弃自己的人生目标，他为之坚持不懈地奋斗着，并且告诉世人："我不一定会胜利，但定会真诚行事；我不一定成功，但会保持一贯的信念。"

他的坚持终于换来了回报，在 1860 年 11 月，他以 200 万票的成绩当选为美国第 16 任总统。他的全名就是亚伯拉罕·林肯，是世界历史中最伟大的人物之一，领导了拯救联邦和结束奴隶制度的伟大斗争——南北战争，也因此成为黑人解放的象征。

人们怀念林肯的正直、仁慈和坚强的个性，他一直是美国历史上最受人景仰的总统之一，在美国人的心目中，他的威望甚至超过了华盛顿！而他追逐梦想，永远都不愿意放弃的精神，更深深烙印在美国人的血脉之中，成为他们的民族精神。

河蚌忍受了沙砾的磨砺，坚持不懈，终于孕育出绝美的珍珠；顽铁忍受了烈火的考验，坚持不懈，终于炼成锋利的宝剑。如果屡次失败后，林肯就因此而放弃，那么不仅美国会少了一位伟大的总统，而且人类的历史也会因此而改变。所以坚持是成功人士必有的品质。

著名音乐家贝多芬失聪后，却说："我要扼住命运的咽喉，它绝不能把我完全压倒！"贝多芬坚持不懈，终于以《命运交响曲》再次奏响了人生的华彩乐章。苏联作家奥斯特洛夫斯基因为作战负伤，双目失明，却坚持不懈，以超卓的毅力完成了长篇小说《钢铁是怎样炼成的》。在中国，有苏秦头悬梁，坚持不懈地努力，终于获得六国相印，荣归故里；也有孙康映雪夜读，坚持学习，终于成了知名的学者，并当上了御史大夫。由此可见，成功人士都是能够坚持到底的人，他们是真正为了梦想去行动的人。所以想要成功，就要真正去做，并且能够坚持下去，否则一切都只是空谈。

温南特·莱顿和杰夫·乔伊是关系很好的邻居，两人起初都在一家汽车公司上班。杰夫是属于安贫乐道的那种人，没有什么上进心，每天完成规定的业务后便等着下班，还邀请温南特去自己家喝两杯。

温南特虽然希望自己可以在工作中取得不错的业绩，但他并不拒绝杰夫的邀请，反而觉得杰夫这个人是个值得交的朋友。因为杰夫并不构成什么竞争力，而且性格温和，没有什么心机，让温南特觉得很轻松。可是慢慢地，他居然不知不觉地学习杰夫，做完了基本工作后就如释重负，懒得再去想别的，只等着下班回家好好放松。

于是，在公司的一次大裁员中，温南特和杰夫都失业了。温南特这时才开始发愁，急忙重新做简历，四处面试找工作。可是杰夫依旧不紧不慢，反而劝他说："老兄，反正有救助金，你不用着急，等到有合适的工作再去呗！"

杰夫没有成家，对目前的生活状态很满意，虽然日子过得有些紧巴，但至少有吃有住。可是温南特情况不同，他有老婆和儿子要养，他想要过上更好的生活，所以这次，他并没有听杰夫的，而是积极地去应聘，最后终于被一家大公司招去当了推销员。

虽然起步有些低，但是好歹有了一份工作，温南特再也不敢有任何懈怠，尽职尽责地做好这份工作。当老板问及他为什么会失去上一份工作的时候，他发现自己不敢说出自己曾经努力过的话，因为他确实没有那么做过。而此时的杰夫还在家里闲着，温南特看到朋友的情况，非常讲义气地把杰夫也介绍进了这家公司，和自己一起当推销员。

杰夫还是老样子，只要完成了公司规定的业务就不再工作，而且每次到下班之前，都叫温南特一起回家喝两杯去。温南特起初不同意，但是到了后来，还是没控制住，就和杰夫一起去喝酒，然而这次却喝出事了。

第二天醒来的时候已经是中午了，温南特迅速地推了推还在沙发上烂醉如泥的杰夫："喂，快点起来，我们上班要迟到了！"

杰夫却连眼睛都不睁，翻个身，不高兴地说："哎呀，老兄，催什么催，反正也迟到了，今天就不去上班了，大不了就是扣点薪水。"

"这怎么行，我们还是新职员，不能刚进公司就犯这种错误。"温南特再三叫杰夫都无济于事，只好自己先去上班了。

到了公司，温南特果然挨了上司的一顿批评。杰夫听说后，对他说："老兄，早就让你听我的，现在薪水也扣了，你还白白挨了一顿训，多不值啊！"

说来也奇怪，自从杰夫来到公司以后，温南特发现自己的业绩一直下滑，却始终都想不明白其中的原因。终于有一天，他们的上司万德森先生把温南特叫到办公室，告诉他公司想要解雇杰夫，并且说："我知道你们是很好的朋友，但是友情并不代表你可以沾染他的缺点。你没发现吗，自从你们一起工作以来，你不再像以前那么努力，一点点地向你的好朋友杰夫学习，学习他的懒惰，学习他的不上进，你马上都成了第二个杰夫了！如果你的理想并不是这个，我还是劝告你要理性地保持距离。"

万德森先生的话如醍醐灌顶，温南特豁然明白了自己的问题所在。万德森先生接着说："我之所以要给你机会，是因为你是个可塑之才，只要你能改掉你的缺点，我相信你是前途无量的！"

自此之后温南特虽然在生活上会尽力地帮助杰夫，但是却不再和他走得过近，他时刻提醒自己，千万不要学习杰夫身上的那种惰性和不思进取。几年后，杰夫依旧安于贫困的生活，而温南特凭着自己的刻苦努力，已经成了公司的销售主管，与杰夫已是日渐疏远了。并不是贫富差异拉开了这对昔日好友的距离，而是他们身上的那种进取心。

人的一生很漫长，会遇到很多人，有追名逐利的，也有安贫乐道的。如果你的人生梦想就是安贫乐道，那自然无话可说，如果你并不想这样碌碌无为地度过自己的一生，就要远离安贫乐道的人，因为他们那种不思进取、甘于现状的心态会影响到你，拖住你前进的步伐，就像文中的温南特一样，总是被杰夫的惰性和不上进感染，险些成了第二个"杰夫"。

我不怕等，因为我知道你会来

几乎每一个人都在小学的时候写过一篇叫作《我的理想》的作文，对于未来的期盼，在稚嫩的笔尖下流淌。但是又有多少人真正成了自己梦想中的自己呢？

心理学家总是告诉我们，一个人如果对未来没有期望，不知道自己要成为什么样的人，他的未来必然会一片黑暗，因为他自己都不知道自己在等什么。

人生经历告诉我们，未来不怕等待，只要你拥有不顾一切去实现的勇气，能脚踏实地去完成那篇作文，你就可以等到那个最好的自己。

曾经的著名好莱坞演员、州长阿诺德·施瓦辛格，有着十分健硕的体魄，曾经获得过“世界健美先生”的殊荣。但他在年轻的时候，却是一个瘦削的少年。

在某一个夜晚，当他看到自己羸弱的躯体时，施瓦辛格决定改变自己。他下定决心练习举重，每周三次出入体育馆。此外，他每天在家中也会苦练几个小时，直到力气耗尽。

后来，施瓦辛格凭借电影中出演的身手不凡的角色，一度成为电影史上票房最高的电影演员、娱乐圈中最富有的人物之一。电视台采访他时，他说：当我还很瘦弱的时候，我就知道自己一定会成为更加强壮的人，对于这一点我是如此有信心，所以我根本不介意多去几趟健身房、多练习几个小时，因为这都是在等待那个最好的我的到来。

虽然没有人敢于否认施瓦辛格的努力，但很少有人看到他的等待。这份等待是饱含着汗水的孤独，当别人吃着汉堡、喝着可乐，躺在沙发上看电视的时候，施瓦辛格却在健身房等待着那个健壮的自己到来，而他也终于等到了。

朱迪的父亲是一家小型贸易公司的策划经理。朱迪 15 岁那年，拿着写有两个“D”的成绩单回到家时，父亲正在努力研究一个项目的可行性。

朱迪战战兢兢地将成绩单放在父亲的眼皮底下。父亲只是看了一眼，就转向了他的儿子。朱迪的眼睛躲闪不及，赶忙望向别处。父亲的目光变得十分深邃，仿佛能够直接看到朱迪忐忑不安的内心深处。

父亲开口问朱迪道：“这是你满意的结果吗？”朱迪轻声地答道：“当然不是。”父亲叹口气，停顿了很久才问道：“那究竟是什么原因导致了这两个‘D’赫然地标记在这里？”朱迪说：“因为我不够优秀。”父亲说：“这并不是问题的本质，问题是你已经意识到自己不够优秀，却没有想过立即改变，莫非你想着这些‘D’可以自己变成‘A’吗？”

朱迪哑口无言。这一场谈话没有朱迪想象中的暴风骤雨，然而也并不轻松。他隐约地感觉到某种潜在的力量，促使父亲正准备和他进行一次长谈。而他当然知道自己为什么得到了这样的成绩——就是自己过于贪玩，但他却无法停止贪玩。轮滑和滑板，还有朋友杰西的赛车，哪一样都比学习来得有趣，自己实在是无法克制。

果然，父亲开口说：“朱迪，人的一生，当然不是自己想做什么就做什么。人需要有实现自我价值的时刻。就像你得了两个‘D’，你羞于开口对我说，而如果你取得的是两个‘A’，那么你一定会得意地举着成绩单，并且带着骄傲的呼喊来找我。这就是简单意义上的成功，是对于作为学生的你来说的自我价值。而你，却没有取得。”

“你的失败在于极差的控制能力，在于你已经意识到自己的弱点，却不肯给予修正。如果在玩了 2 个小时之后，你能够告诉自己，应该立刻回到书桌前，控制好自己的行为，你觉得得个‘C’或者‘B’，甚至是‘A’，是一件很难的事吗？对于你来说，难的只是立刻改变不满意的自己，立刻控制住自己的执行力。”

朱迪已经满眼含泪，悔恨和懊恼之情早已充斥内心。他几乎想立马就改变曾经那个令人厌恶的自己，因为他明确地知道那些玩耍的时间根本不会让‘A’主动出现在自己的试卷上。

经过与父亲的一番谈话之后，朱迪每当玩到无法控制的时候，父亲的话就如同教堂的警钟一般在耳边响起。他会立刻放下欢愉的一切，迈步走向书桌，摊开书本学习。尽管开始的时候脚步沉重得如同灌铅，但是，他也时刻告诉自己，不能让自己的一生都伴随着“D”。“改变不满意的自己，才能成为更好的自己”，也就成了朱迪的座右铭，他牢记于心。

在接下来的学习生涯当中，朱迪都是以“A”的成绩单交予父亲。那份轻松自在，那份骄傲自得，是朱迪最喜欢的内心感受。当然，朱迪不会忘记那两个“D”换来的父亲的一顿教训。后来，朱迪成了一名出色的律师。当有人问起朱迪如何一路都如此优秀时，朱迪说，秘诀既简单又不易，那就是明确知道自己要成为什么样子，并且立即改变不满意的自己。

的确，说简单，是因为我们很容易发现我们自身的缺点，只要立即改变不满意的自己，那么就清除了成功道路上的绊脚石；说不易，是因为人的自控能力和自持能力都有一定限度，常常受到身体中惰性的不自觉牵引，贪图一时的安逸和享乐，浪费时间，得过且过，是常有的事。

所以，想要成功的人，当内心有强烈的愿望时，就一定要联系到自身，想到自身缺少什么条件，缺乏什么样的品质，也就是说，自己的身上一定有成功的阻力。这种阻力也许是你形成已久的恶习，也许是自己先天的弱点。而想要成功，就得立刻去改变不满意的自己。努力克制住自己的惰性，想想自己渴望成功的迫切心情，立刻去改变不满意的自己。这是始于足下的第一步，也是至关重要的一步。而良好的开端，已是成功的一半。

Part 02

也许，世界上最孤独的事是勇敢

这个世界貌似给了我们很多的选择，

你可以成为各种各样的人，

甚至是出乎自己的意料之外。

但是所有的选择，

却都建立在一个最基本的因素之上——你是否足够勇敢。

你是否勇敢，决定你的人生，

要么平庸，要么孤独。

勇敢又自由，这一场美梦不能放弃

有一个词语几乎对所有人都是一道难题，哪怕他是将军或者总统，也不敢轻易向它做出许诺。

而有一个词几乎对所有人都是一个憧憬，不管他已经收获了多少，在它这里，永远都不能得到满足。

那就是勇敢和自由。

电影《加勒比海盗》中，向往着无限自由的船长纵然是在最落魄的时候，都会非常骄傲地说：我们想去哪里就去哪里，这就是船的真正含义，你明白吗？我们所拥有的可不仅仅是一条龙骨、船壳，也不是一层甲板，或者几张船上必备的帆，而是一艘真正意义的船——黑珍珠的真正含义，就是自由。

在电影院昏暗的灯光下，变幻莫测的加勒比海浪击打着每一个坐在观众席上的人的眼，但这句经典台词，却真真切切地击打着每个人的心。

不管对于男人，还是女人，做一个勇敢的人几乎是人类最终极的梦想。《勇敢的心》中梅尔吉普森说："我们不是神，但却能做神都羡慕的男人，要知道你有一颗勇敢的心，你就是一个男人。"

好友陈晓正是在这样的鼓励之下，决定过属于自己的人生。

那一年，陈晓在父母所在的乡政府已经做了科长，小权在握，周围的人都对他寄予了厚望，而且他又那么年轻，前途无量之类的话不仅是大家的祝福，简直就是既成事实了。

但这一切却并不是陈晓所希望看到的，尤其是当别人说"你还那么年轻"的时候，他的内心深处便会有一个更大的声音喊出来："对啊，我还这么年轻，难道就这样庸庸碌碌地过一辈子吗？"

每当夜晚来临，打开那尘封已久的吉他袋，轻轻地拨弄一下有点生疏的弦，陈晓便会有一种想要立刻辞职的想法。一成不变的工作不能让他快乐，因为他想做一个歌手，唱自己喜欢的民谣，这才是他的梦想。

终于有一天，陈晓鼓起勇气，对父母说出了心中的愿望：他要去北京，和兄弟们组个乐队，唱自己写的歌。因为再等下去的话，说不定就真的再也没有机会实现这个梦想了。他不顾父母的反对，迅速向单位提出辞职，背上吉他就坐上了北上的列车。

朋友们都被陈晓的行动惊呆了，他们没想到这个平日里看着温文尔雅的书生居然有这样一种不顾一切的勇气。

"哥们，你真勇敢！"有人向他竖起大拇指。

"等着瞧，你会后悔的！"有人暗地里说出了这样的

“祝福”。

但是，这一切都不足以淹没陈晓重获自由的快乐。他像是一只快乐的鸟儿冲向了天空，只想展翅飞到自己可以触及的任何一个角落去，管它什么勇敢、管它什么后果，都不及此刻的酣畅淋漓来得痛快。

不久之后，很多预言都开始成真了。因为他的任性，父母断绝了对他的帮助，甚至不愿意与他通电话，除非他“迷途知返”。而朋友们在最初狂热的“点赞”之后，也逐渐归于自己的生活，没有多少人真正去关注这个为了梦想而奋力一搏的勇敢小子。

陈晓开始真正认识到为了“勇敢”和“自由”所要付出的代价，是在来到北京半年之后，当时的他已经花光了手中的积蓄，住在团结湖建于 80 年代的老小区半地下的房间里，手里除了吉他几乎一无所有。原本要一起勇敢闯荡的兄弟们，在各自的生活压力下，也萌生了退意，不管他如何劝说，他们还是各自决然找了一份稳定的工作，去做了上班族。只有陈晓一个人，整天窝在房间里，趁着高出地面十几厘米的窗口还可以投进阳光的时候，拨动手中的琴弦，唱自己那些关于梦想与自由的歌。

勇敢需要付出代价，这代价包括你必须舍弃曾有的安逸生活，也包括你要面对未来不可预知的风险。而自由更是一份那么奢侈的礼物，当房东再一次敲响房门，并且下达了最后通牒“交不了房租就打包滚蛋”的时候，陈晓顿时开始怀疑自己用前途与尊严换来的自由是否真的那么值得。

我们曾经不断幻想摆在自己面前的困难，但有一种挑战却经常被忽视，那就是来自内心的退缩，勇气逐渐消散之后的无力感才是最可怕的。当陈晓发觉到自己开始质疑自己的选择时，他警觉自己曾经引以为傲的勇敢也在变得虚弱。

没有了勇敢，自由便是一种奢望。

经过了一番努力之后，陈晓的音乐终于引起了一家制作公司的注意，来自微博上的好友推荐和转发也让陈晓开始在民谣圈子里逐渐积累起人气。有人问：这条路还要走下去吗？要成名可是非常难的哦！陈晓笑了，当他在最缺乏勇气的时候都已经坚持下来，更何况现在勇气满满呢？此时不正是逐梦的最好年华吗？

为了所追逐的梦，放弃眼前所有，奋力一搏，是勇敢。而在艰难面前，依旧不放弃，只为了追寻那一份自由飞翔的感觉，又何尝不是一种难能可贵的品质呢？美国诗人罗伯特·佛洛斯特曾经留下至理名言：自由源于勇敢。当我们拥有了勇敢，自由便唾手可得；当你真正拥有了自由，便会真切地感受到勇敢，才是生活赐予我们的最宝贵的能力。

你要情深义重，但是从不回头

有太多的事情需要考验我们的勇敢因子，有的时候昂头迎上去是勇敢，有的时候低头一笑而过也是勇敢。在人生这个大舞台上，有很多无畏者演绎着自己的勇敢，无须他人去评判，甚至不需要被这个世界注意到。

一直以来，我们都崇尚青松的高耸无畏，翠竹的宁折不弯，但有时那微微的弯曲也是一种生存的技巧。挺立和弯曲，坚强或者沉默，这都不是让我们事事退让、处处妥协，而是在实在无法改变现状、无法扭转局势时有策略地做一些让步，从而保全自己，以利于以后的进取。

在加拿大魁北克地区有一条山谷，它的西坡长满雪松、柏等树木，而东坡却只生长着雪松。谁也不知道为什么会出现这种现象，许多科学家都觉得这是一个谜。然而，这个谜底被一对夫妇揭开了。

这对夫妇个性极强、互不妥协，刚强的个性让他们彼此受到了吸引，走到了一起，但真正的生活中却也因此带来了无数的摩擦，一点点消磨着他们的爱情。当最初的激情终于所剩无几的时候，他们面临着即将破裂的婚姻。他们来到山谷的初衷，是打算来一次浪漫之旅，如果能找回昔日的爱情就继续生活，否则就分手。

这对夫妇到达山谷的时候，天上突降大雪。望着漫天的雪花，他们突然发现了一个奇怪的现象。由于风向原因，东坡的雪比西坡的雪大得多。当雪积到一定程度时，东坡的雪松枝丫就会弯曲一下，让雪滑落。而西坡由于雪小，所以大多数树上积的雪不多，也就没有被压弯。

妻子兴奋地说："东坡肯定原来也长过别的树木，只是那些树不会弯曲，所以最后都被大雪压断了。"

这时，他们忽然明白了，夫妻之间相处，也应该学一下雪松：刚强地去面对这个世界，而在承受不了彼此的压力时，学会弯曲一下。"妥协"一下，也许就会生活得更加美好。

只有面对现实，才能超越现实。做人也一样，偶尔弯曲一下又有什么关系呢？你时时处处要求自己昂首挺立，所得到的不过是一阵的酸痛而已。你永远要求自己情深义重，所得到的可能只是满身的伤痕。偶尔，让自己歇一下，暂时的弯曲不是奴颜婢膝，而是为了更好地站起来。这是一种生存的手段。一味地强硬，一味地硬撑，只会给自己带来不必要的伤害甚至是牺牲，看似高明，实则愚蠢。只有做到刚柔并济，懂得低头，才能保护自己。

做一个情深义重之人，还是一个貌似薄情、从不低头之人，对于一个严格要求自己的人来说，毫无疑问会选择前者。

可是前者一定就是明智吗？这也未必。

曾经有人问一位智者："有人说你是天底下最有学问的人，我想问一个问题：天与地之间高度是多少？"

智者微笑着说："三尺！"

"胡说，我们每个人都五六尺高，如果天地之间只有三尺，那我们还不被压死啊？"

智者笑着答道："是啊，凡是高度超过三尺的人，要想立于天地间，就得懂得适当地低下头来。"

人生漫长，前路莫测。在前行时，我们难免遇到碰壁吃亏、伤心失意、怀疑自己的时候。碰壁并不可怕，可怕的是撞到南墙也不回头，痛不思变。当外界压力和阻力过分强大时，暂时的低头是一种自我保护，并不意味着卑屈和不顾人格，而是一种艺术的处世方法和明智的选择。一时的弯曲并非耻辱，能屈能伸是为大丈夫。只要大多数时候，我们都是挺直了脊梁做人即可。

选择低头，选择不回头，也就学会了审时度势，把握全局。适时低头可助你顺利跨越生活中意想不到的障碍，免受无谓的伤害。那些永远都坚守原则、不肯后退的人固然值得钦佩，但却不值得学习。而选择不回头，才是为了坚守内心的那一份本真。毕竟，我们不能成为规则的奴隶。只要秉持本心，只要自己知道内在的心灵没被污染，我们就应该遵循张弛有度、外圆内方的原则，让自己不至于成为不懂人情世故的顽固派。

红军两万五千里长征是为了给新中国保留革命的火种；浪潮的暂时性退却是为了下一次能冲得更远；跳高者奔跑前先往

后退几步，是为了起跳时能有更大的冲力。而我们，在巨大的困境面前选择暂时回避，也不是懦夫的行径。如果总是计较于一时一地的得失，那就可能会失去未来的长远利益。

偶尔的小小失败就让它如浪花般消失在岁月中吧，就算你曾经为了这岁月付出了自己的全部，呕心沥血地灌溉了它，也要向前走，因为我们要迎接的是即将来到的大胜利!

低头是需要勇气的。的确如此，否则世间也不会有那么多明知会输，依然执迷不悟的赌徒。有些人常常以各种理由横冲直撞，以不屈不挠、百折不回的精神宁折不弯，结果却常常输掉了自己的幸福。在生活中偶尔弯曲一下，是一种洞察世事的智慧，也是一种人情练达的豁然。

对于过往的磨难，人们想到的就是艰难和痛苦，急不可耐地想要忘记，因为有人会觉得只有忘记了它才算真正的不再回头。如果我要说，我们要感恩磨难，因为磨难能给人们带来成功、带来幸福，所以你不能也不用忘记它，你相信吗?

骆俊是小安的一个朋友，在第一次听到他充满了传奇色彩的经历时，小安便深深为之赞叹。

曾经的他算是一个聪明的孩子，但聪明却没有用在正途上。上学时不用功，所以高考时被大学拒之门外；后来，骆俊当了兵，复员后在一个印刷厂找了份工作，为客户送货。

一天，他为某大学的一个教研室送书，正赶上电梯故障。他就抱着一包书来到贵宾梯前，门口的保安走过来拦住了他，说:“这是供教授、教师和贵客乘坐的，其他人一律不得乘坐。”他解释说，他是来给教研室送书的，普通电梯出现了故障，他一共送来了 70 多包书，如果爬楼梯得累死。但保安不仅没通融，还语带讥讽地说：“那我不管，你既不是教授，也不是老师，甚至连这个学校的学生也不是，我凭什么让你乘坐这部电梯，你这身脏兮兮的衣服万一把电梯弄脏了怎么办？”

他跟保安大吵了一架，然后一气之下把一车书堆到大厅就离开了，后来他因此被老板解雇。年轻气盛的他咽不下这口气，买来了高中的全套教材和教参，发誓要考上大学，要去这所大学里做老师，到时候天天乘坐那部贵宾电梯上下楼，奚落那个保安。

10 年之后，已经不再年轻的骆俊终于实现了自己当年的愿望，留在那所大学任教。每次说起当年的那些小事，他都会面带微笑，妻子总是嗔怪地说：你还记着呢！可是他却摇摇头说：忘不了，忘不了。

过往的那些事情，确实不是说忘就可以忘，而此时他一点都不想报复那位保安了，甚至还把保安看作恩人，他总在想，如果没有那位保安，他现在可能还是一个印刷厂的送货工人。

挫折和磨难就是这样，固然让人痛苦，但同时也能激发人的斗志和潜能，让人达到一个新的高度，如此说来，这才是生活对我们的情深义重啊。

有位教授曾经到深圳的一家公司讲课，那是一家合资公司，有 100 多人，效益非常好，接待教授的除行政部经理外，还有一位公司的副总经理。副总经理是个年轻的小伙子，相貌虽普普通通，但浑身散发着一种力量，让人不得不刮目相看，后来，通过跟他聊天，教授知道了他特殊的经历。

他出生在农村的小康之家，父亲是村里的支书，还有一个能干的哥哥。后来村里一个精神病人突然发病，拿着一把刀到处砍人，父亲和哥哥为保护村民，一个被当场砍死，一个被砍成重伤，落下了终身残疾。母亲因为伤心过度，生了一场大病，不仅花光了家里的积蓄，还欠下了一大笔债。

他当时还是一个十几岁的孩子，在这场突然的变故中一下子成熟起来，他含着泪告别了学校，跟着村里的青壮年们来到南方打工。他扫过马路、当过保安、在建筑工地当过小工，甚至在找不到活干时还捡过垃圾。

一个十几岁的孩子，除了养活自己，还要给家里寄钱，养活生病的母亲和残疾的哥哥。后来，他来到这家公司当业务员，虽然底薪只有 300 元，但他看到了希望，知道自己如果做得好会比以往那些工作挣得都多。为了做好这份工作，他什么苦都能吃，为了省钱，他可以一天只吃一顿饭。

为了做出业绩，他仔细观察别人怎么打电话、怎么接人待物，还虚心向同事请教。后来他的工作逐渐有了起色，收入增长了一些，他又买来专业的参考书、报名参加培训班，还坚持自修了大学课程，拿到了本科学历。这时，他已经是公司业务做得最好、收入最高的业务员，但他并不满足，还对自己提出了更高的要求。他学习了管理，慢慢由业务员晋升为业务部经理、副总经理。

了解了他的奋斗历程后，教授终于明白了他身上散发出来的那股力量，那是一种不向任何困难低头的力量！谈起过往，这位年轻的小伙子也不胜感慨，他说，要是没有那场飞来横祸，他或许还在学校里混日子，高中毕业后由父母操办婚事，结婚生子，就像他的许多同学那样。

“那你会怀念过去的岁月吗，那些努力奋斗的日子？”教授笑着问。

他笑了:“过去永远不可能被抹杀，它成就了我。我感恩那些日子，也会永远记得它，但同时也警醒自己永远不要再回到那些日子。”

人真的是一种很奇怪的动物，追求一帆风顺，却容易在顺境中消磨意志、得过且过；害怕挫折苦难，却又能在苦难面前咬牙坚持，开辟一片全新的天地。或许人人都是一座宝藏，苦难就是一把开启这座宝藏的钥匙。

过往的岁月无论是成就了你的痛苦，还是铸造了你的荣耀，你都主动或被动地对它倾注了无限热情。你的青涩在那里，你的懵懂在那里，你的每一次心头悸动都在那里。可即便如此，我们也无法一直承载着它们走下去。你可以感动，也可以感恩，但要昂首向前，永不止步。

心清就不怕错过，为生命添一点“勇”

没有梦想的人，就像折断了翅膀的鸟，就像找不到灯塔的船，注定要在危险中毁灭。梦想就像魔法师手中挥舞的魔棒，让我们在生活和工作的过程中不断创造奇迹，并在创造中收获快乐和幸福。

现代社会对于宇宙能量的研究不断深入，很多科学家开始探索促成这个社会发展的真正原动力，不管是来自于地心，还是来自于内心，有一种力量总是强大到让人叹为观止，那就是人类的“心之力”。这种神秘而又神奇的力量铸造了许多传奇，而它也存在于每一个人的血液中，所差别之处，只是点燃它的那一点“引子”。

寻找心之力，探索心清之路，看似艰难，却也简单。不管我们处于什么地位，也不管我们的生活多么贫穷，你都有这样的原动力，因为我们都有梦想的种子在促生着它。这也是为什么我们可以失败，可以一次又一次地摔倒，也可以承受刻骨的失意和懊悔，但却不能丢掉心中的梦想。

人生之路，不能没有梦想的指引，因为人生一旦失去梦想，也就失去了前进的方向。梦想是人生中最明亮、最美丽的色彩，不管我们是否战胜了苦难、取得了成功，只要还拥有梦想，我们的人生就是充实的、多彩的。

也许我们的人生正被黑夜笼罩，没有光亮，也没有希望，但只要心中有梦想，我们就能够看清脚下的路，相信心清就能找到前进的方向，穿过这漆黑的夜、走向梦想赐予的光明。也许我们的人生正经历风雨，泥泞拖住了我们的脚步，但只要心中有梦想，给自己那么一点“勇”的引子，我们就会发现，自己的每一个脚印都那么清晰。

一个在工厂做童工的意大利小男孩，梦想着成为世界著名歌星。但是，小男孩遇到的第一个老师却对他说：“你五音不全，唱起歌来就像把拖拉机开上了高速公路一样，你是成不了歌星的。”

小男孩听了以后非常伤心，回到家里向母亲哭诉。小男孩的母亲是一个贫穷的农妇，她用手轻轻地抚摸着孩子的头说：“孩子，其实你的音乐天赋很高。每次我听到你的歌声，总能感觉到你的进步，你今天比昨天唱得又好了许多，你一定会成为一个伟大的歌唱家的。”

听了母亲的话，小男孩的心情一下子好了起来，继续日复一日地练习发声、唱歌。后来这个孩子真的成了全球著名的演唱家，他的名字就是恩里科·卡鲁素。

可能卡鲁素的母亲并没有想到自己的孩子会在十几年以后成为一个伟大的艺术家，她当时只是为了安慰孩子受伤的心。

但事实上，正是那句无心的话，改变了孩子的一生，因为那句话给了孩子一个继续追逐梦想的理由。

梦想就像沙漠中的水，当我们的心田干涸之时，它给了我们生机和希望。梦想是阳光、是雨露、是照亮我们人生之路的明灯。只要梦想在，你的人生就不会丧失勇气，心里也不会缺乏方向，我们前行的步履一定坚实而轻快。

他是一名歌手，其貌不扬，名不见经传。1993 年，他带着梦想只身来到北京。举目无亲，唯有心爱的吉他与他相伴。

在陌生的京城，歌手孤身奋斗着。凭着超人的实力，他终于在歌厅中有了一份稳定工作。为了生计，他每天奔波于各大歌厅，唱歌至午夜。他过着黑白颠倒的生活，为了歌唱梦想，他咬牙坚持着，一晃就是 8 年。但灾难却在不知不觉中降临了——由于用嗓过度，歌手的声带上长出异物，到医院做了切除手术。几天后，他实在忍不住就试着开始唱歌，然而唱到一半声带就开始出血，无法发出声音了。经过医生的诊断，他的声带已被严重撕裂，再也无法修复。他清楚地知道，自己的嗓子再也发不出原来清亮的声音了。

心理的创伤远远大于生理的创伤，突如其来的打击几乎把他推入绝境。但他不甘心，而是静下心来，仔细分析自己的嗓音特点，创作了一批适合沙哑嗓音的新歌。他成功了，凭着自己独特而富有磁性的嗓音，他征服了亿万歌迷，甚至被邀请参加 2003 年的春节联欢晚会。

世上没有绝望的处境，只有对处境绝望的人。成功从来只青睐勇敢的智者，这位歌手用自己的行动做出了有力证明，他就是杨坤。

当面对山重水复似乎无论如何也突破不了的困境时，我们是守着绝望哀叹，还是迈开步伐去追寻希望的脚步？如果我们选择了前者，那一切就成了定局，我们只能直面无望的结局；而若选择了后者，我们就可能改变境遇，去打一个漂亮的翻身仗。

她小时候患了小儿麻痹症，胳膊几乎不能活动。这让她很自卑，不敢和同龄人玩耍。尽管医生告诉她，通过治疗和训练可以让她恢复正常，但她总觉得医生是在安慰她。她拒绝治疗，拒绝和别人交往。在那段内心失去光明的时间里，她唯一的好朋友是一个残疾老人，他在战争中丢了一条胳膊。可是与她不同的是，老人非常乐观，从没嘲笑过她，还和她一起玩耍、嬉戏。

这天，老人用仅存的一只手推着轮椅中的她，去参观附近的幼儿园。孩子们正在唱歌，非常动听。老人建议说："我们为他们鼓掌吧！"说着，老人解开了衬衣扣子，用一只手拍着胸膛，发出了"啪啪啪"的声音。

老人笑着说："天无绝人之路，只要我们想，总有办法做成自己想做的事。"

那一刻，似乎有一道光照进了她那已经阴霾许久的心灵，她忽然泪流满面。

从那之后，她开始主动配合医生接受治疗。她忍着巨大的痛苦，扔掉拐杖试着走路。难以忍受的痛苦并没有打倒她，因为她记住了老人的话：天无绝人之路。11 岁时，她成功扔掉了支架，开始正常走路了。再后来，她参加了 1960 年的罗马奥运会，摘得了女子 100 米短跑金牌。她的名字叫威尔玛·鲁道夫。

前方是绝路，希望就在转角。抵达转角的道路并不远，只需要你内心一点“勇”。只要我们对生活充满信心，就一定能从绝望中寻找到希望。

不要放弃希望，如果太阳放弃了转动，那它将迎来自己的毁灭；如果表盘的指针放弃工作，那它将失去自身的价值；同样，如果我们放弃了希望，那人生也将变得毫无意义。无论是面对煎熬的磨难还是厄运的洗礼，只要我们不轻言放弃，成功的希望就一定会在不远处等着我们。

有个叫博比的法国人，才华横溢、乐观善良，然而一场疾病后，他却全身瘫痪了。哪里都不能动，唯一能活动的只有左眼。他只好靠左眼与外界沟通。

博比决心写一本书，讲述自己的经历和感受。他与护士达成协议：护士拿着字母表反复朗读，并观察其左眼；他眨一次左眼表示“是”，护士就记录下字母，然后再把字母连成词，把词再连成句。

通过千万次的朗读，千万次的眨眼，博比的书一行一行地写了出来。这部书名叫《潜水铜人与蝴蝶》，一经出版就引起了销售狂潮，带给世人极大的震撼与深深的感动。

当我们以为穷途末路时，请记得放飞一只名叫希望的蝴蝶。当我们觉得人生无望，不知如何过活时，请想想布彼的故事，给自己留一点希望的星光。

不管此刻你的脸上是否挂着微笑，你都要承认生活中有太多的坎坷和打击。可是，怀抱着梦想和勇敢，只要不忘记对未来的希望，不放弃自己，那你必将看到生活向你重新绽放的明媚笑颜。

林大学刚刚毕业，对未来充满了希望，可就在他踌躇满志、打算有所作为的时候，一场灾难降临到了他的头上。那天，林去乡下看望年迈的奶奶，途中，他乘坐的大巴发生了交通事故。经过医生的全力抢救，林的生命保住了，可是全身70% 的皮肤已经烧坏。

面对突如其来的灾难，林变得沉默寡言，对什么都失去了兴趣，躺在医院的床上，眼中只有一片白光。接下来的治疗中，林承受着一般人难以想象的痛苦和折磨，医生为他实施了22 次皮肤再造手术，共缝合了 1 万多针，反反复复地取皮、植皮、手术、缝合，使得林快要崩溃了，他甚至想到了死。

在最艰难的时刻，是家人和女友给了林力量。家人对他照顾得无微不至，女友也时常来病房陪他聊天。女友给他讲了很多顽强奋斗、战胜病魔的案例，用别人的坚强来鼓舞他。

在亲人、恋人的关怀和鼓励下，林慢慢悟到了人生的真谛，他开始配合医生的治疗，开始积极地面对人生。受伤以前，做一名 IT 精英是林最大的梦想，但自从受伤以后，他的梦想就渐渐褪色了。现在，对生活已经恢复信心的林决心重拾自己的梦想，他让女友买来 IT 方面的书籍，还把电脑也搬到了病房，他一边治病一边刻苦钻研，成功研制出了一款新的游戏软件。半年以后，林出院了。

出院这天正是林的游戏软件正式上市的日子，面对记者的采访，面对公司领导和同事的祝贺，林说出了自己的心声："不管生活怎样艰难，我永远都不会忘记，在寒冷的冬日里，有一丝温暖一直在我心里荡漾。这丝温暖离不开家人和女友的关怀，也离不开我对梦想的渴望。”

人生就是这样，总会经历痛苦、不幸，关键是我们能否在这些被寒冷包围的日子里，依然想到春天的温暖。点亮一盏不灭的心灯，你需要一点“勇”作为引子；对梦想和未来保持着温暖的想象，你就会赢得前进的力量。

我们不惧严寒，就能在冬日里寻找到阳光。

当你心清无惧，必将是与幸运和成功相伴的人。

对勇敢的嘲讽，才让你变得卑微

有一位心理学家曾经直言：不管经历过多少风浪，见识过多少惊心动魄的事情，每一个人的内心都会住着一个孩子，他孱弱无力，时刻需要呵护，一不小心就会流下眼泪。

在越来越强大的社会压力面前，我们总是可以清晰地感受到自己内心那个孩子正在张大一双无助的眼睛，似乎是在乞求，似乎是在渴望，而唯一能给他支持和拥抱的人也只有我们自己。

如果你渴望成为自己向往的那种人，那便别无选择，唯有用一双有力的手接过生活的重担，才能让你内心的孩子变得勇敢。

有这样一个著名的心理实验：

一位心理学家带着10个人来到一间黑暗的屋子里，告诉他们屋子中间有一个水池，水池上有一座独木桥。心理学家要求这10个人从独木桥上走过，到达房间的另一头。在心理学家的引导下，10 个人都顺利地通过了独木桥。

心理学家打开了一盏灯，透过昏黄的灯光，10 个人吃惊地发现，水池里面原来养着几只凶残的鳄鱼！这 10 个人倒吸一口凉气，心想：好险！如果刚才失足掉下去，就会成为鳄鱼的美餐。

心理学家问："有谁愿意自告奋勇从独木桥上再走回来？"谁也没有回答，10 个人都不愿意再冒险。在心理学家的再三鼓励下，终于有一个人答应试一试。可是他刚走两步，双腿就开始发抖，干脆趴下来，双手紧紧搂住独木桥，再也不敢移动半步。

这时，心理学家又打开了一盏灯，房间里一下子明亮了好多。10 个人又发现，在独木桥和鳄鱼之间还有一张网。网用极细的黄色纤维编织而成，在刚才昏黄的灯光下，很难被人发现。心理学家说："黄色的纤维虽非常纤细，但坚固的程度不亚于铁丝。"当心理学家再次要求他们穿过独木桥时，10 个人都毫不犹豫地走了过去。

很多时候，生活就像通过这座独木桥，我们内心的孩子感到了无限的惊恐，不敢前进，也不敢去尝试分毫，失败的原因恐怕不是力量薄弱、智能低下，而是你的内心感知到的周围环境的威慑——面对险境，很多人失去了平静的心态，产生了消极的心理暗示，以致慌了手脚、乱了方寸。

我们的行动由意识支配，所以心理活动会极大地影响行动的结果，恐惧、犹豫会令我们裹足不前，自卑、怯懦会令我们轻易放弃。

美国成功学的创立者拿破仑·希尔说："一切的成就，一切的财富，都始于一个意念。”所以，我们都需要有一个坚定的意念，强大的内心，让你内心的孩子变得坚强勇敢。

具有自信、主动意识的人，遇事会给自己积极的心理暗示，往往将困难和问题看成机会和希望；具有自卑、被动意识的人，遇事则会给自己消极的心理暗示，往往将机会和希望看成困难和问题。

想让内心的孩子变得更加强大，你需要积极的心理暗示，包括赞美、鼓励的语言，也包括坚定的眼神、点头的动作、鼓励的手势。经常使用积极的心理暗示，能使自己和周围的人更坚定、更自信、更敢于尝试，工作和生活就会变得更好；经常使用消极的心理暗示，就会使自己和周围的人更悲观、更犹豫，工作和生活就会变得糟糕。比如，一个刚参加工作的小伙子，总觉得领导不喜欢他，所以尽量避免与领导沟通、交流，在领导面前毫不自信、畏首畏尾，久而久之，领导真的不喜欢他了。

两个年轻人做同一份工作，两个人的学历、知识、经验都差不多。甲经常怀疑自己的能力，感觉自己可能干不好，生活在怀疑和担心之中。乙是一个非常自信的人，尽管他明白自己在一些方面存在欠缺，但他确信通过努力一定能做好，并经常鼓励自己，取得了一点小成绩、小进步还会赞美、犒劳自己。

一年以后，甲的工作业绩平平，领导对他的评价是能力不足，而乙的工作业绩却非常出色，领导认为他能力很强。

在管理工作中，积极的心理暗示同样有效。一个优秀的管理者必须善于使用积极的心理暗示，他们会通过各种手段使自己的团队坚定信心，经常赞美下属做得好的部分，鼓励下属其他部分也一样能做好。在肯定、赞美、鼓励中，对下属提出了明确的工作要求和工作标准，这比批评、惩罚、威胁等消极暗示的管理手段更有效。

越积极的人越幸运，因为他内心的孩子也会随之成长。不要为一些小事烦恼，更不要为明天的事烦恼，因为你的人生有比这更重要的事。

当你以积极的心态去观察周围事物时，会觉得所有的一切都那么美好、充满希望；当你以消极的心态去看待周围事物时，会觉得所有的一切都令人厌恶、了无生趣。

事实上，一切现象都是中性的，是好是坏，完全由我们的心态决定。心态积极，看寂寥秋色也缤纷多彩，胜似春朝；心态消极，看万紫千红也凄风苦雨，仿佛煎熬。

年轻的母亲带着一对双胞胎女儿走进了玫瑰园。

没多久，一个小女孩哭哭啼啼地跑了回来，“妈妈，我不喜欢这个地方，它真的很讨厌！”

“为什么这么认为呢，宝贝？”

“因为这里的每朵花下面都有好多刺！”

这时，另一个小女孩却兴高采烈地跑回来，一边跑一边挥手大叫着：

“妈妈，我好喜欢这个地方哦，真可爱啊！”

“为什么这么认为呢，宝贝？”

“因为这里的每根刺上面都有这么美丽的花儿！”

面对同样的玫瑰，不同心态的孩子却得出了不同的结论。前者消极，把注意力放到刺上，所以心情郁闷，难以释怀；后者积极，虽知道花下有刺，却更注重刺上的花儿，自然能欣赏到更多美景，让自己更加快乐。

生命如一条溪流，在岁月的原野上不断流动，如果不在自己的心灵中播下积极的种子，那么就会荒草蔓生、阴霾肆虐。心态是积极还是消极，将导致我们欣赏到不同的人生风景。

古时候有一位国王，总喜欢从外在事物中寻找神的启示。一天，他做了一个梦，梦到山峰崩塌了，河水断流了，鲜花也凋谢了。他赶紧问王后，这些都预示着什么。王后听后，大惊失色地说："不好了，陛下！这个梦可不吉利啊！您想，山峰崩塌了意味着江山即将被颠覆；河水断流了暗示着人民将不再拥戴您；鲜花凋落了表示一切美好的东西将不复存在啊！"国王听了非常伤心，从此缠绵病榻，整日茶饭不思。

一位大臣听说这件事后，想了很久，最终来到病榻前劝国王说："恭喜您，陛下！您做的梦是千古难遇的好梦！您想，山峰崩塌了表示天下太平啊！河水断流了代表真龙会出现；鲜花凋落了更好，表示要结出果子呀！好梦，真乃大大的好梦啊！"

国王听后大喜，病也很快不治而愈了。

心态是生活的控制器。积极心态和消极心态，一念之差就可能导致天壤之别的后果。要想获得幸福，首先要改变自己的心态。只有心态积极、阳光起来，生活才会跟着美好起来。

我们都渴望自己成为最独特、最幸运的那个人，享有无限的好运气。的确，运气对我们的生活具有不可估量的影响。尤其在现代社会，成功除了靠努力，还要靠机遇和运气。也许短短几秒钟的厄运就让人永世不得翻身，偶尔一次的幸运却能让人实现鲤鱼跳龙门的跨越。

有人认为，幸运是玄而又玄的东西，万事早就注定了。这种想法是错误的。幸运一半来自随机，但还有一半掌握在我们自己手中。心态能极大地影响到我们的幸运度。如果你相信你会幸运，那么你很有可能就真的幸运；反之，则可能厄运连连，屋漏偏逢连夜雨。

当生活中出现了挫折和磨难，感到非常无助时；当梦想渐行渐远，依然找不到前进的方向时；当所有的努力似乎都化作镜花水月，不知道明天在何方时……如果屈从于现状、放纵了不幸，紧随其后的幸运也很可能会悄然离去。

中国有句古话，叫“大难不死，必有后福”。没有什么绝境真的是无可挽回的，也没有谁的人生是完全糟透了的。只是有的人心态过于消极，夸大了自己的不幸，并一次次暗示自己与幸运无缘，最终自然只能与幸运擦肩而过了。

正所谓“信则有，不信则无”，运气也是如此。幸运常常会降临在相信它的人身上，不幸也时常光顾那些整天念叨它的人。幸和不幸都是人们根据自己的境遇结合心态做出的解释，而解释则会进一步塑造类似的经历。

古时候，有甲、乙两个秀才，既是邻居又是同窗，他们结伴去京城赶考。

路上，他们遇到了一群送葬的人，这群人抬着一口黑漆漆的棺材，在他们前面慢慢走着。

甲看到了，心里一惊，暗想，真倒霉啊，怎么碰上这么晦气的东西！看来这次考试难以如愿了。而乙则心中暗喜，告诉自己，哦，棺材，升官发财啊，看来我这次一定能鲤鱼跳龙门，金榜题名！

抱着不同的心态，他们来到了考场。答题时，二人的积极程度大不相同。甲满心沮丧、文思枯竭，抓耳挠腮也不知怎么下笔；而乙则信心百倍，文章一气呵成，下笔如有神助。结果不言自明，乙如愿金榜题名，而甲则名落孙山。

他们都觉得是那口棺材导致了不同的考试结果，所以回家以后逢人就说：棺材的影响可真大，真灵啊！

由此可见，人的内心和人的运气真有千丝万缕的关联。幸运与否，取决于人的内心而非外力。如果我们让内心的孩子带着微笑看这个世界，并将这份微笑传递给周围的人，就会觉得每天都非常可爱，信心满满，生活自然也会充满美丽的色彩。

退一步说，万一真的发生了什么不幸的事情，也没什么大不了的。不妨先问问自己，这件事真的那么严重吗？会关系到我的生死存亡吗？我是否反应过度了？而且，这件事是否对我有百害而无一利？它最严重的后果我能否承担得起呢？

面对不幸，请告诉自己，我们一定可以战胜它。面对挑战，请让你的内心勇敢起来。我们必须坚信信念的力量，坚信只有勇敢的人才能拥有人生最渴盼的幸福。

点燃生活的热情，不能就这么勉强地活着

“热情”的希腊语含义是“受了神的启示”，这种表述贴切而形象，揭示了热情的深刻内涵。神启示我们要热情，因为在热情的鼓舞下，我们就会具备快乐、积极的心态，让生命更加充实，让心情更加愉悦。

因为有了热情，伽利略才仰望星空，最终解开了浩渺天宇的奥秘；因为有了热情，麦哲伦才克服了艰难险阻，实现了环游世界的壮举。热情给人以巨大的精神力量，让人信心百倍、昂然奋进；热情也可以感染和唤醒身边的人，让他们追随你、尊敬你、帮助你。

泰戈尔曾经说过：激情是鼓满船帆的风。风有时会把桅杆吹断；但没有风，帆船就不能航行。而有时小事也能让我们见证热情对于人们的改变。

在朋友居住的小区里，大家的关系都显得非常冷漠，“城市病”在这里得到了全方位的呈现，邻里之间也没有什么交集

和笑脸。这种状况一直持续到一个新的快递员的到来。

这个快递员显然是新加入这一行业，总是不知疲倦。他对自己的工作非常热情，也非常自豪。他每天除了送快递之外，还了解每家主人的个性、工作，努力使他们在家的时候收到快递。如果主人不在家，他会想办法将他们的快递放到合适的地点，以便主人回来后第一时间找到。

小小的快递员就像是穿梭在社区里的一条小鱼，他乐于和每个人攀谈，常告诉他们小区里一些有趣的事儿。他还主动替他们做一些传话、捎东西之类的小事儿。此外，他趁着一次空闲时间带来了一袋子花种，在小区的公共地带种上了美丽的花儿。春天到来之后，嫩芽冒了出来，人们才惊觉这一变化。没过多久，原本平淡的空气中就开始弥漫着花香。

变化是悄悄发生的，邻里之间开始多了一些走动，大家甚至会时常说起那个快递小哥，面带微笑地夸奖他的热情。偶尔代收一个快递，也成了人们难得的一次情感交流机会。半年时间过去了，大家发现自己和周围人的关系变好了很多，一直到某天这个快递小哥告诉大家自己要换服务片区，以后去别的区域工作的时候，大家才明白他的热情居然有如此大的推动力。

如果没有金钱，你可以用热情创造财富；如果没有经验，你可以用热情弥补生涩；如果没有健康，你可以用热情让自己心灵健全。一个真正坚强、勇敢的人，一定懂得用热情点燃生命，让自己接受“神的启示”，度过饱满、充实的一生。

安诺德曾说：“世界上最糟糕的事，莫过于人类丧失了他的热情。只要仍保有热情，即使失去了一切，他仍旧能够东山再起。”

对一个人来说，如果生活中没有了热情，就仿佛饭菜中没有了盐，鱼缸中缺少了鱼，一切都会变得乏善可陈、索然无味。失去了热情，再年轻的人也会失去朝气，看起来死气沉沉。所以，无论遇到何种情况，我们都不要忘记让自己饱含热情之心。拥有一颗热情的心，生活才能有声有色，不辜负大好人生。

拿破仑·希尔曾经说过："如果你有一颗热情的心，那么毫无疑问，现实将会给你带来奇迹。"

在一个漫天浓雾的傍晚，拿破仑·希尔和他的母亲乘船渡江，前往纽约度假。

望着滔滔不绝的江水，母亲喜悦地说："这是多么惊心动魄的壮观景色啊！"

希尔纳闷了："母亲，我没看出有什么出彩的事情啊！"

希尔母亲的眼睛里散发着明亮的光芒。尽管她已年近七十，但声音依旧纯净："你看，多美丽的浓雾！你听，多嘹亮的号子！还有那船只四周隐隐约约的光芒，多么绚烂、耀眼！对了，还有那消失在雾中的风帆，这些难道还不足以令你赞叹吗？"

或许是被母亲的热情感染，希尔开始重新审视起周围的景色来。果然，他很快就沉醉在四周的美景中。它们是那么生机勃勃，让他心中涌起了无尽的喜悦。

后来，希尔在一次演讲中讲到了这次经历。他说，那一刻，自己一向迟钝的心似乎突然活过来了，仿佛干枯的土地得到了滋润。从此，他学会了用探索之心和热爱之情来看待世界，也欣赏到了更多的人间美景。

希尔牢记母亲的告诫:“世界永远美丽而幸福。它如此迷人，所以我们必须对它怀有不倦的热情，如此才能一生都生活在幸福当中。”

没有了热情，春花秋月也如同残枝败叶，美酒佳肴也味同嚼蜡。所有的美丽都成了虚幻，一切的追求也变成虚空。这样的人，与行尸走肉何异？哪怕坐拥金山、权倾天下，也体会不到一丝幸福的滋味。而那些对生活充满热情的人，则可以视星星为宝石，品白水似佳酿，让平淡的人生变成幸福洋溢的天堂。

热情不是先天就有的，而是后天获得的。如果能够激发内心深处的热情，我们的生活会更有意义。拥有了热情，我们就会克服恐惧，赢得快乐，享受更健康、更丰富的人生。

梦想总是在刚开始时最振奋人心。然而开始行动后我们就会意识到，从梦想到现实有一段不小的距离，实现梦想的过程中少不了挫折、逆境。

这时候，什么能带你度过艰难时光？什么能给你力量突破逆境？自然是热情。

诗人威廉·沃德认为，成功的关键在于，当他人怀疑时，去相信。这就是一种热情，无与伦比的、赤裸裸的热情!

美国电台广播员拉菲尔，在职业生涯中曾被辞退 18 次。可她从没绝望消沉，而是在一次次跌倒后爬起来，继续用满腔热情追求梦想。

有一次，她好不容易在纽约一家电台谋到一份差使，但很快又遭辞退。主管说她太落伍，是个土包子。拉菲尔并没有怨天尤人，而是积极总结教训，又向另一家广播公司推销自己。

在她的软磨硬泡下，这家公司答应让她勉强一试，提出要她先主持一档政治节目看看。

拉菲尔是个政治盲，要想主持好一档政治节目很难。但这是一次机会，她无论如何也要大胆尝试一下。她利用自己平易近人的特点，在主持时大谈即将到来的国庆节对自己的意义，还请观众打来热线畅谈感受。听众被这种新颖的模式吸引了，这档节目的收视率也节节攀升。

如今，拉菲尔已自办电视节目，成了广播公司的老板，也多次获得各种主持人奖项。回首往事时，她说:“我被人辞退 18 次，但并没被吓退，相反，在热情的鞭策下，我一次次冲锋，终于实现了梦想。”热情有着不可思议的魔力。当这股力量被释放出来，并不断被补充时，它便会形成一股不可抗拒的力量。这股力量足以克服一切障碍，带领你走向成功。一个人如果用热情的态度来对待周围的一切事物，常常可以改变自己的整个生活，乃至命运。饱含热情的人，也必是有着快乐天性的人。这样的人不但幸福而且长寿，对社会的贡献也必定很大。

杰克·韦尔奇是全世界企业家都尊敬的 CEO，他执掌通用电气公司 20 年，将其打造成一个制造业的巨人。退休前，韦尔奇决定写一部自传。这部自传在他动笔之前就被时代华纳以 700 万美元的天价竞得版权，成为历史上版权价格最高的自传。

韦尔奇在书中回顾了他的一生，尤其着重介绍了他的管理思想和经验。他认为:“成功者共有的品质就是他们比别人更热情。火一样的热情能弥补他们其他方面的不足。热情不是浮夸，而是内心深处的某种东西。”

可见，热情之于成功是多么重要！大多数成功者都具有热情的特质，对待事业保有如火的热情是成功者有别于非成功者的重要体现。

詹姆斯·伦迪威刚进入一家保险公司工作。一次，他和朋友吃晚饭时，看着一个人开着一辆卡迪拉克豪华轿车从街上“飞”过。詹姆斯指着那辆轿车对朋友说：“每当看到有豪华车开过时，我便告诉自己，有朝一日，我也能成为豪华车的主人！”

詹姆斯努力地工作，满怀热情地奋斗。由于成绩突出，他很快被上级发现，升了职并加了薪。不到三年，他就买了一辆最新款的卡迪拉克车。但他没有止步，而是以更大的热情向更高的目标冲刺。因为成绩非凡，不到30岁他便被任命为这家保险公司的副总经理，成了别人羡慕的榜样。

其实，成功者与失败者在技术、能力和智慧上的差别通常并不大，是否具有热情就成了区别他们成就大小的分水岭。如果一个人虽然能力不足，但是具有热情，那通常会胜过能力很强，但是欠缺热情的人。热情对那些渴望成功的人而言，像火焰一样熊熊燃烧。它是一种可贵的能量，促使人们向成功一步步迈进。只有那些对自己的理想真正付出热情的人，才能把理想变成美好的现实。

你的心跳，压倒内心一切不确定

这个世界之所以迷人，其中一个原因便是因其无限的不确定性。正是因为有了无限的可能，我们才对未来有了很多的渴望，期盼着某一天可以通过自己的双手缔造出完全不同的人生。但也因为这份不确定，使内心难免会生出很多疑虑来，它们就像是一条条藤蔓，慢慢缠绕在我们脚下，让我们不断忧思，充满了疑惑，进而失去掌握人生的契机。

著名作家毕淑敏有一篇文章，叫《提醒幸福》，其中就有这样的句子：

我们已经习惯了提醒，提醒的后缀词总是灾祸。灾祸似乎成了提醒的专利，把提醒也染得充满了淡淡的贬义。

我们已经习惯了在提醒中过日子，看得见的恐惧和看不见的恐惧始终像乌鸦盘旋在头顶。

在皓月当空的良宵，提醒会走出来对你说：注意风暴。于是我们忽略了皎洁的月光，急急忙忙做好风暴来临前的一切准备。当我们睁大眼睛枕戈待旦之时，风暴却像迟归的羊群，不知在哪里徘徊。当我们实在忍受不了等待灾难的煎熬时，我们甚至会恶意地祈盼风暴早些到来。

在许多夜晚，风暴始终没有降临，我们却辜负了如银的月光。

这就是经常忧虑的人的常态。在他们眼中，世界是灰蒙蒙的，忧虑是生活的常态。他们担心家财被盗，担心出门爆胎，担心明天生病，担心工作不保，担心儿女学习……他们口中最常说的就是“万一……”“小心……”“我怕……”。他们是忧虑的寄主，一天 24 小时，除了睡觉，大多时间都紧锁眉头，很少知道快乐是什么滋味。

其实他们不知，大多忧虑都是不必要的。为了这些莫须有的负面可能，他们赔上了许多快乐和幸福，这是多么愚蠢的事情!

有段时间，纽约的物价管理委员会监察得很严，对所有石油公司卖给每一个顾客的油量的准确性都有严格的要求。

可是，有一个石油商人的公司内部却出了点小纰漏。有一些运货员克扣卖给顾客的油量，然后再把偷省下来的油卖给其他顾客，谋取私利。当然，这个石油商人并不知道这些猫腻。

有一天，有个自称政府调查员的人找到石油商人，向他索要红包。那人说他掌握了该石油公司运货员舞弊的证据，如果石油商人不破财免灾，就要把证据转交给检察官，让他的公司破产。石油商人调查了一番后，发现公司内部确实有这种不法的买卖，他吓坏了。

石油商人连续三天三夜吃不下、睡不着，一直苦思冥想怎么解决这件事情。他是该花一笔钱行贿，还是不理那个人，任由他把对自己不利的证据移交法院？他不知怎么做才能圆满解决这件事情，真是愁坏了。

又过了几天，他终于决定了——去见地方检察官！他把整个事情的经过原原本本地告诉了检察官。结果出人意料。地方检察官非但没有惩罚他，反而对他说，这种勒索的案子他已经接了好几起了。那个自称是政府调查员的人，实际上是个通缉犯。至于员工克扣顾客的汽油的行为，由于石油商人并不知情，因此可免于处罚。听了这番话，石油商人大大松了一口气。

林语堂在《生活的艺术》一书中告诫我们："假若你能接受最坏的情况，在心理上，你就能发挥出新的潜力。"有时候，我们高估了坏事的可能性和破坏力，反而让自己陷入了莫名其妙的恐慌中。殊不知，事情远没有我们想象的那么糟。过分的忧虑不仅对解决问题无益，还会干扰我们的判断，让我们丧失理智。

大部分忧虑都是不必要的。正如猫不会担心明天捉不到老鼠，狐狸不会因自己只有一个树洞而烦恼，狗也不会因为没有足够的骨头而失眠。我们要学会积极乐观地面对一切，不要让忧虑缠身，侵蚀了原本快乐、幸福的生活。

某权威杂志曾对 5000 人忧虑的事情做过调查，结果是：

40% 的忧虑其实根本不会发生；

30% 的忧虑是过去发生的，无法改变；

12% 的忧虑来源于别人，无法控制；

10% 的忧虑与自身健康有关，越担忧问题反而越严重；

仅有8%的忧虑能列入“应该担忧”的范围。

由此可见，大多数人都在忧虑这个问题上犯过很大的错误！

契诃夫有一篇著名的小说叫《小公务员之死》。这篇文章讲一个可怜的小公务员在看戏时不幸与部长坐到了一起，小公务员不小心将唾沫星子喷到了部长的大衣上，尽管部长没什么表示，但小公务员却变得惶恐不安。他不停地解释、道歉，但总觉得部长好像没有原谅他。在极度的惊恐和担忧中，这个小公务员竟然呜呼哀哉了。

其实在生活中有很多小事根本就不值得一提，别人根本没有在意或早已忘却，只有你还记在心里耿耿于怀。人们总是想努力地让自己更完美，试图让所有事情都掌握在自己手中，却忘了这样只会加重我们的心理负担，给自己带来不必要的困扰。不妨看开些，这样才能让心情舒畅，让生活更快乐。

民国元老于右任曾经写过一副对联：上联是“不思八九”，下联是“常思一二”，横批是“如意”。

俗话说，人生不如意事十之八九。苏轼诗云：“人有悲欢离合，月有阴晴圆缺，此事古难全。”一生之中，我们总会遇到这样或那样的不如意。若常思这些不如意之事，必会导致心中不满，烦恼重生。一旦烦恼纠缠，生活中就再难有清静之心，也无快乐可言了。如此，人生还有什么乐趣？

无论如何，人生总还有“十之一二”是如意的事。多想想“一二”，少思考“八九”，我们的心情就会不一样了。我们至少有稳定的工作，有温暖的家庭，有我们爱的人和爱我们的人。而且，我们还活着，活着就有希望、就有机会。这样想着，原来的不快就会逐渐淡化，心里也会畅爽许多。

霍金堪称是爱因斯坦之后人类历史上最伟大的科学家。他值得人们称道的，不仅仅是他的科研成就，还有他面对病魔的乐观态度。

有一次，一位记者问霍金："疾病已经摧残了您的身体，将您永远固定在了轮椅上，您不觉得命运很残酷吗？"尖锐的问题使得全场鸦雀无声。然而，霍金依然面带微笑，用他那还能勉强活动的手指艰难地叩击着键盘，敲下了如下一行字：

"我的手指还能动，我的大脑还能思考，我还有我爱的和爱我的人，我拥有一颗感恩的心……"

全场震撼！掌声雷动，人们纷纷冲上前来，拥抱这位卓越的科学家。

有人说人生如水，而无奈和不顺则是千年不变的水质。生活的难题在于：人在环境中生存，而环境又不以人的意志为转移。因此，在面对不可更改的现实时，我们能改变的只有态度——不想八九，常思一二。既然不如意的事已很多，我们就不要用它们来折磨自己、充塞我们的精神和心灵。那些"一二"才是真正值得我们细品和回味的。就像霍金一样，多想想让自己快乐的事，我们的心情也会随之快乐起来，我们的生命也会变得明亮起来。如此，我们离幸福也就不远了。

某天在出租车上，无意中听见交通广播里报道这样一个故事：英国的一位中年男子，不幸得了不治之症，最多只能活两个月。他没有唉声叹气、郁郁寡欢，而是觉得自己应趁这仅剩的两个月好好享受一下生命。他提出了一个令人震惊的想法——要为自己举行葬礼。他想在自己的葬礼上，亲耳听到亲朋好友对他的问候和祝福！他说，人总会死的，我不能总想着死亡，我要微笑着和爱我的人告别。于是，一场特殊的葬礼开始了，那位男子躺在棺材里，安详地闭上眼睛，在平静中接受了亲朋好友的鲜花和送别祝福。

无论生活变成什么样子，我们总有办法让自己快乐起来。只要我们还活着，就要庆幸自己还有快乐的理由和权利，就要多想想那些让自己开心的事，如此才能不辜负生命的每一分，每一秒。

“且夫天地之间，物各有主，苟非吾之所有，虽一毫而莫取。唯江上之清风，与山间之明月，耳得之而为声，目遇之则成色。取之不尽，用之不竭。是造物主之无尽藏也，而吾与子之所共适。”人生苦短，何必非要在“八九”上纠缠？与其痛苦一生，不如快乐享受每一天。只要活着，就请多想想那短暂而珍贵的“一二”！

警察刘雪峰，27 岁，做了几年警察的他，破了不少奇案、大案，获得多次荣誉，是同事的榜样，也受到群众的称赞。这些成就和荣誉慢慢变成了刘雪峰的负担，他为了维护自己的榜样风范和英雄形象，无论是在工作上还是生活上，都对自己的要求严格得近乎苛刻。他不断给自己规划近期与远期的奋斗目标，担心自己的“光辉形象”被新人取代。

警察这一职业本身就要承担很大的心理压力，甚至要面临生死考验，而刘雪峰在承受这些职业压力的同时，还人为地给自己增加了许多精神压力，久而久之，他的性情大变。他焦虑、暴躁、多疑，精神萎靡不振，经常无端地与妻子吵架，并因此在工作中几次造成失误。

后来刘雪峰在心理医生的指导下，意识到是因压力而产生的垃圾情绪堵塞了自己的内心，导致自己情绪失控。此后，刘雪峰有意识地给自己减压，慢慢消除了内心的垃圾，精神状态恢复了正常，工作中又取得了新成绩。

生活中像刘雪峰这样被心理垃圾困扰的人很多，严重的甚至会出现轻生心理与自杀行为。心灵垃圾是人体的健康隐患与精神负重，必须得到及时清理。人体就像电脑一样，如果你不把那些垃圾文件删除，日积月累电脑就会“死机”；心灵垃圾若得不到及时清理，久而久之便会导致人体在健康与精神上的双重崩溃。

让我们做好“心灵环保”，多想那些让人愉快的事，让快乐占据上风头，时刻学会放空自己的心灵，不要让那些心理垃圾成为心灵的负累。

当曾经的激情和梦想被日复一日平凡琐碎的工作和生活磨灭后，我们也就习惯了安于现状，习惯了看淡一切、接受一切，于是我们的生活变得虽然忙碌却没有激情，总是怀疑，总是不确定。当你终于让内心的正能量昂起头的时候，一定会发现真正的快乐原来离得不远，它就在你的内心深处，等待着你一个坚定的眼神。

世界对你好，只是因为你值得

有一位哲人曾经说过，拥有快乐的人生，从放过自己开始。

很多的不快乐，貌似是外界加给我们的，但仔细想一想，居然全都是自找的。你不肯让自己走出心情的阴霾，不肯让自己跳出他人的评价，只是在自我羁绊的泥潭之中挣扎，这样的人生又怎么会快乐，又如何取得属于你的成就呢？

《水浒传》里，鲁智深和林冲是性格完全不同的两个人。鲁智深认为人生无坏事，天下无大事。而林冲则持不同看法，他认为无论大小事，全是烦恼事。相比而言，鲁智深的一生比林冲快乐得多。

生活千变万化，悲欢离合、喜怒哀乐，谁都无法逃脱。我们要想活得快乐些、洒脱些，就要记住：除却生死，天下无大事。

没什么事值得自己整天愁眉苦脸、形销骨立。哪怕耶稣被钉在了十字架上，三天后不也是复活节吗？既如此，又何必和自己过不去？冬天来了，春天也不会太远；厄运近了，总有解决之道。太阳总会东升西落，人间总有春夏秋冬，没什么大不了。

有些人心态悲观，总是戚戚于一些芝麻绿豆的小事，认为天要塌下来了、地要陷进去了，认为一切都无可挽回。这样做简直是小题大做、自找麻烦。心放宽一些，任他东西南北风不好吗？干吗总记得一次考试的失利、一场情侣的误会、一句过激的话语？如果把生活中的一切不顺心之事都藏在心中，总有一天心会发霉，再也没有阳光可以照耀进来。那时，我们的身体也就成了行尸走肉，再也感受不到一点活着的乐趣了。

正所谓“天下本无事，庸人自扰之”。从古至今，人类纠缠于种种小事，犯过很多愚蠢的错误，甚至挑起了一次次战争。当战争的魔鬼夺走了一条条鲜活的生命时，又有谁肯思索一下，这其中的导火索竟然是一件件鸡毛蒜皮的小事呢？

1654 年，瑞典与波兰开战。起因是波兰发布的一份官方文书中，将瑞典国王的名字加了两个头衔，而波兰国王的名字后面加了三个头衔；

大约 900 年前，一场惊天动地、殃及整个欧洲的战争竟然是因一只桶的争吵而爆发；

托莱侯爵被人不小心把水溅到了头上，引发了英法大战；

一个顽皮的小孩向格鲁伊斯公爵扔了一颗石子，瓦西大屠杀开始了……

如果我们能大度一点，如果我们的心胸能开阔一点，如果我们可以不过于计较各种小事，那这个世界定会变得更美丽一点，更可爱一点，更值得留恋一点。

按照目前的研究，人类应该可以活到130岁到170岁之间。但很难有人活到这个年龄。长期以来，科学家一直研究其中原因所在，结果发现人的寿命除了与“生物模式”相关外，还与“心理、社会医学模式”有关。由于我们总是将自己纠缠于各种凡俗琐事中，结果累神累心，身体机能自然下降，各种疾病接踵而至，自然难以有那么高的寿命了。

记住，天下无大事。想明白这一点，我们就能在生活中优哉游哉，潇洒赛神仙。

既然生活并没有那么多大事，其实只要处理好那些小事就可以拥有快乐，那么对自己的审视似乎也可以放轻松一些。幽默是一种高层次的语言艺术，一直被视为只有聪明人才能驾驭；而自嘲又被视作幽默的最高境界。由此可见，能自嘲且敢自嘲者必定是智者中的智者，高手中的高手。

许多人总把自己看得太重，不愿意承认自己有哪怕一点不行的地方。殊不知，这恰恰暴露了他们的浅薄和无知。真正的强者，会不惮于暴露自己的缺点，甚至以此自嘲，体现了乐观的心态和豁达的胸襟。

某将军是秃顶，但他从不为此不悦。一天，他受邀参加一个酒会。就在大家兴高采烈地相互祝酒时，一个年轻的男招待员一不小心将一杯酒洒在了将军头上。大家都呆住了，不知该怎么处理这种尴尬局面。这时，只见将军拿出纸巾，轻轻擦了擦光溜溜的脑袋，笑嘻嘻地问：“小伙子，你是不是以为酒能治疗秃顶啊？”全场大笑，那个战战兢兢的男招待员也跟着笑了起来。

将军没有因自己的秃头缺陷暴露于众而大吵大骂，反而通过自嘲替自己也替服务员解了围。这种做法，既体现了他的自尊和智慧，也流露出了他的善良与豁达。

自嘲说白了就是自己骂自己，或者拿自身的失误甚至缺陷“开涮”。没有乐观、超脱的胸怀是无法做到的。自嘲并不伤害谁，所以它非常安全。自嘲可以刺破生活中的阴影，让阳光重新照射进来。

约翰经常迟到，经理实在忍无可忍，就对他说：“你若再迟到，就干脆收拾东西，别再来了！”

一连好几天，约翰都起得很早，果然没迟到。然而这天，他不小心睡过了头，又迟到了。

等约翰到公司的时候，离上班时间已过了一小时。大家都在埋头干活。经理脸如黑锅，气呼呼地朝约翰走了过来。

约翰挠了挠头，突然满面微笑地握住经理的手，说：“您好！我是约翰，我来这里应聘工作。我知道一小时前这里有一个空缺，希望看在我捷足先登的份上，录用我吧！”

寂静的办公室里的员工们忍不住哄堂大笑起来，经理也忍不住笑了：“赶紧工作吧！”

如果你是约翰，你能做到如此厚脸皮地“幽默”吗？不说自己迟到，而暗示自己接受被辞退的结果，称这次是来应聘的，而且“最早来应聘”。这种不着痕迹的自嘲，既表现出了对经理权威的尊重，也表达了自己的悔过之心，最后自然皆大欢喜，保住了工作。

我们背负着生命的行囊，行走在枯枯荣荣的人生之路上，忧愁时常会纠缠不休，痛苦时常会来光顾。面对那些措手不及的意外和打击，我们何不潇洒地自嘲一下？

传说，希腊哲学家苏格拉底的妻子是个悍妇，常对他大吼大叫，而苏格拉底总是自嘲说："让这样的人做老婆好处很多，比如可以锻炼我的忍耐力，让我的修养更上一层楼。"

有一次，他的老婆又无故发起脾气来，苏格拉底被吵烦了，只好离家出去避一避。谁知他刚走出家门，那个彪悍的妻子就从楼上泼下一大盆水，把他浇成了落汤鸡。苏格拉底打了一个冷战，笑眯眯地说："我早就说过，雷声过后必会有大雨的。"

学会自嘲，让一切不快烟消云散。当能够用自嘲的语言讲述有趣的话题时，无论是有意还是无心，都能让生活得以调节，洒满阳光、充满喜悦。

一位40岁的秃顶教师，是个非常乐观、幽默的人。因为常有学生在背后议论他的秃头，所以他就干脆在课堂上向学生们讲明了自己秃头的原因，末了，还自嘲了一句，"头发掉光了也有好处，至少以后我上课时教室里明亮多了。"同学们都笑了，从此以后，再也没有人嘲笑他是秃子了。

站在自己之外欣赏自己的创伤，反而能让自己真正超脱痛苦。真正伟大的人物都敢于嘲笑自己，甚至鼓励别人和他一起笑。他们在嘲笑自身悲剧的同时，便也实实在在地战胜了悲剧。

林肯总统长得很丑，他也常以此来取笑自己。有一次他说："我在森林里漫步时，看到了一位老婆婆。老婆婆说，

‘你简直是我见过的最丑的人。’‘我也没办法啊。’我答道。‘不！’老婆婆说，‘你至少可以待在家里不出来啊！’”

需要谨记的是，自嘲不是自辱，也不是存心让自己出丑；自嘲更不是自欺，不是让我们接受自己的无能和无奈，在自我嘲弄中麻木不仁。自嘲只是解围的小技巧，是偶尔阿Q一下，却不能由此自我麻痹、自甘堕落。

另外，自嘲时要注意超脱，而不应尖酸刻薄。如果我们对自己尖刻嘲讽，觉得我们活该受到惩罚，那就会感到屈辱、愤怒。自嘲时应该充满对自己的爱，如此方能免去难堪和尴尬，展示自己的良好气度和修养。

跳脱出那些苦恼的羁绊，其实就是这么简单。获得全世界的爱、成为一个受欢迎的人，也并不是那么难。

一个幽默的人，也必定是乐观向上、心态阳光的人。很难想象，心胸狭隘、愁苦满怀的人能吐出幽默的话语。幽默是社交的润滑剂，是人际交往的通行证。幽默可以让对方快乐，并将自己积极的人生态度传达给他人。学会幽默，用好幽默，可在社交时畅通无阻，更加受人欢迎。

许多优秀的人都懂得幽默，而幽默也为他们的事业和生活助力不少。幽默的语言可破开交往坚冰，大大减轻说话办事的难度，从而为把事情做好、做完美奠定基础。同时，幽默也在一定程度上展示了说话人的自信和睿智，让别人更信服他，更乐于和他一起做事。

某业务员去拜访一位董事长，想卖给他一套光盘。他很客气地请秘书把自己的名片递给董事长，然后在外面恭候着。

秘书把名片交给董事长，董事长正在忙，所以很厌烦地把名片丢了出来。秘书只好把名片退给业务员。谁知业务员却笑呵呵地说：“没关系，我可以下次拜访，为了避免董事长再看一次名片，还是请董事长留下这张吧。”

秘书没办法，只好又去禀告董事长。董事长愤怒了，将名片撕成两半后丢进垃圾桶，然后扔过来10元钱说：“烦死了，告诉他我留下他的名片了，给他10元钱，让他滚！”

秘书胆战心惊地把10元钱交给业务员，并转述了董事长的话。业务员听后大笑说：“我的名片5元一张，10元钱可以买两张。请把这张名片交给董事长，我不能赖账啊。”说完，他又从包里拿出一张名片递给秘书。

正要走出办公室的董事长听到了业务员的话，不禁笑出了声：“进来吧，好小子，不和你这样的人做生意还能和谁做生意呢？”

业务员用幽默的言行，逗笑了董事长，不但维护了自己的尊严，也赢得了合作的机会。他的幽默，充分展示了他的乐观和对产品的自信，也展示了他百折不挠的积极心态。

这样的人，谁会拒之门外，不予结交呢？社交中的情形千变万化，有时候突如其来的不快可能让人措手不及。当原本轻松愉悦的气氛变得尴尬时，幽默可以扭转乾坤，将尴尬消弭于无形。

有一次，某国际会议展览中心举行“大干五十天，确保年底封顶”的誓师大会，市长和相关领导都到了。当仪式进行时，坐在主席台上的某老总的椅子突然莫名其妙地垮了，他一下子摔倒在地。

现场鸦雀无声，大家都不知该如何反应。市长见了，马上说：“看来今天的誓师大会，大家决心都很大呢，尤其是我们×总，都已经坐不住了！”

大伙儿都被市长的妙语逗乐了，原来的尴尬气氛也消弭无影。

社交中，难免遇到应该拒绝别人的场合。如果处理不好，不但可能让别人没面子，甚至反目成仇、心生嫉恨。适当的幽默可以将不快轻松化解，让人识得进退，不好意思太过为难你。

美娜年轻貌美，某客户一直想占她的便宜。一天，该客户又给美娜打电话，鉴于该客户对公司的重要性，美娜不敢得罪他，只好笑吟吟地说：“李总，要不待会儿我请您吃饭吧，然后我们三人去击剑馆玩玩。”

客户一愣：“三人？击剑馆？我、你还有谁啊？”美娜故意压低声音说：“当然是我男朋友啊，我们说好了待会儿去吃饭。他是去年的击剑比赛冠军呢，而且极爱吃醋，待会儿您见了就知道了。”

客户一听，愣了，说：“那你们玩吧，我今天不去了，还有事。”说完，就挂了电话，以后再也没有骚扰美娜。

美娜利用幽默，既委婉地拒绝了客户的骚扰，又没有让客户丢面子，非常高超地表现出了自己的处世智慧。这比直接拒绝对方，导致对方下不来台要高明很多。

幽默是一种大智慧，它温和而不软弱，圆润而不张扬，机智而不狡猾。它能助你化解困境，轻松自如地面对一切。幽默不是天生的，而是经过后天努力和学习养成的。

杰拉尔德·福特是美国第38任总统，他说话时常常一语双关，许多人都非常喜欢听他说话。

有一次，一位记者刁难他，请他评价一下自己和林肯总统。这个问题是个陷阱，既不能说自己不行也不能说林肯不好。他想了想，回答说："我是一辆福特，不是林肯。众所周知，林肯是一种最高级的名牌小汽车；而福特则是普通、廉价的大众化汽车。"他的话刚说完，台下就响起一片哄笑声，提问的记者也被逗乐了，没有再继续追问下去。

福特的这句话，既表达了谦虚之情，又暗中标榜了自己是一位受大众喜欢的总统。同时也没有故意贬低林肯，反而承认了林肯的地位，不会引起别人反感。

双关是幽默的常用表达方式，它看似"天真"，实则暗藏锋芒，常能帮自己化解攻击，脱离原有困境。

明初有一位叫周玄素的宫廷画师，接到朱元璋的命令，让他在大殿墙壁上画一幅《天下江山图》。周玄素暗暗叫苦，心想皇上喜怒无常，万一画不好脑袋就要搬家了！他灵机一动，跪下恳请说："臣不曾游遍九州，斗胆请陛下先启御笔勾勒草图。"

朱元璋听了有理，便亲自提笔画起来，不一会儿就画完草图。周玄素马上跪下说："陛下江山已定，臣不敢再动！"

朱元璋听了，哈哈大笑，非但没有怪罪，还重赏了周玄素。周玄素用一语双关的语言，迂回地表达了自己不愿作画的拒绝之意。这样说，既恭维了朱元璋江山永固，也避免了将自己陷入险境之中，让朱元璋在高兴之余准了他不动笔的请求，可谓巧妙至极。

拥有了幽默，不仅可以让你更快乐，更能让你化险为夷。

不能否认，幽默就是一种高超的艺术，最高明的幽默应该是就地取材，风行水上。恰如羚羊挂角，无迹可寻。听到它，只觉得心旷神怡，引人会心一笑。

某百货公司举行大型拍卖会，因为购货的人太多，大家又推又挤，现场一片混乱。有一位被挤得东倒西歪的女士在结账时愤愤地对售货员说:“这个破地儿，幸好，我一开始就没打算在这儿找到‘礼貌’。”

“对不起，”结账的售货员小姐沉默了一会儿，温和地问，“你能让我看看你的样品吗？”那位女士一愣，不好意思地笑了。

做一个幽默的人，我们就能发现道路会越走越宽，心境也越来越好。幽默如阳光，照进人的心灵，心态也会跟着阳光起来。而心态的阳光又促使人更达观地看待一切，为幽默奠定了基础。请试着让心灵阳光起来，让自己幽默起来，这样的一个你，又如何不会获得全世界的爱呢!

Part 03

要么平庸，要么勇敢而孤独

人生路漫漫，许多时候你不得不去面对那些艰涩的问题，

譬如说分离，譬如说成长。

有人说，成长就是失去，失去童年时代无邪的笑脸，

失去带给你无限欢愉的玩具，失去爸爸那有力的臂膀，

失去让你痛不欲生的恋人，从此孤独地活下去。

但是，亲爱的你，不要忘记了成长也是一种收获，

你可以收获那么多惊喜，收获那么多意料之外，

收获那么多令人温暖而潸然泪下的时刻，

这一切都是多么勇敢的选择。

我知道生活的真相，并且依然热爱生活

曾经有人对我抱怨：这个社会有太多的戾气，有太多让人愤怒的理由了。但是没办法，你就是要生活在这样的抱怨之中，并且还要保持一颗平静的心，因为你不会因为愤怒的火焰而涅槃，只会在这火焰里变成一堆灰烬，连你自己都会厌恶的灰烬。

一个能力不足的同事，或者一个唠叨不停的妈妈，更有甚者是一个路过你身边却满面愁容的人，都有可能让你的怒火之苗一点就着，遮蔽住你心里那一缕阳光。

对一个脾气暴躁的人来说，任何一个微不足道的点都可以刺激到他们的神经。冲动是魔鬼，有时候很适用于这些人，因为魔鬼在他们面前总是可以轻易得手，随时就可以控制他们的心神。

当一个人发怒的时候，就会觉得惹怒他的人一无是处，就会口不择言地伤害对方。结果，每次怒气爆发完都是以道歉来结束，既然如此，我们何不在开始就控制住自己的脾气，心平气和地指出对方的错误呢？何况，有时候错本不在对方，而在自己。

要知道，恶语如利刃，不管你说多少次对不起，你所造成的伤害将给别人留下永远的疤痕。

这是一个特别平常的故事，一个名叫小汤姆的男孩，不知道为什么，总是脾气很坏，经常乱发脾气。

这天，爷爷给了他一袋钉子，让他发脾气的时候，就钉一个钉子在菜园的篱笆上，并告诉他应该学着控制自己的坏脾气，争取让钉子越来越少。

第一天，汤姆发了很多次脾气，他按照爷爷的要求，每发一次脾气就在菜园的篱笆上钉下一个钉子。到晚上的时候，他数了一下，自己在一天中居然钉下了 27 个钉子。这个结果让男孩很吃惊，他觉得应该克制自己的脾气。后来，随着汤姆的努力克制，他每天钉下的钉子数量逐渐减少了。在这个过程中，他发现控制自己的脾气要比钉下那些钉子让他心里更舒服一些。

终于，汤姆觉得自己再也不会失去耐性乱发脾气了，他把这个结果告诉了爷爷。爷爷又告诉他，从现在开始，每次他能控制住自己的脾气，就把原来钉上的钉子拔出一个。

时间一天天过去，最后汤姆终于把所有钉上的钉子都拔出来了。

汤姆很高兴，可爷爷却指着篱笆上的钉子对他说："孩子，你做得很好，我很高兴。但是你看看那些篱笆上的洞，这些篱笆将永远不能恢复成从前的样子了。你对别人发脾气，就像是在这些篱笆上钉钉子，虽然你可以在事后向别人道歉，但你发脾气的情景将像这些钉子一样会给篱笆留下疤痕，而那个伤疤将永远存在。”

汤姆是一个小男孩，却也是你，是我，是万千个被怒火控制的人。那些钉在木板上的钉子，又何尝不是钉在我们的心头上呢。

怒气带来的破坏力往往超出我们的预计，如果你在公共场所或陌生的环境中，控制不住怒气，对冒犯自己的人厉声指责或恶语相加，引来的往往是争吵，是两败俱伤。

在工作中，面对那些影响我们工作的同事，如果你愤怒地指责对方，遇到的即使不是针锋相对，也是消极对抗，他会任由错误发展，更加不配合你，最终使你的工作业绩也会受到影响。

如果你经常对同事乱发脾气，久而久之还会被大家孤立，当你需要别人帮助、需要大家跟你协同作战时，你又该怎么办呢？

面对朋友和亲人时，我们更是难以控制自己的脾气，因为我们在亲近的人面前更不加注意、不加掩饰，率真本是好事，但不应该成为伤害的借口。

再深的感情也经不起长年累月的频繁伤害，当朋友离你远去，当亲人伤心失望时，你收获的将是无限的伤痛和懊悔。

有个男孩养了一只可爱的小乌龟。冬天来了，小男孩发现小乌龟变得很贪睡，喜欢把头缩在壳里，小男孩觉得这样一点都不好玩，就想让乌龟探出头来，他试着用手拍它、用棍子敲它，甚至把小乌龟摔在地上，尽管小男孩用尽了他能想到的所有办法，可是小乌龟就是没有反应。

爷爷看到了，把小乌龟放到了电暖器上面。过了一会儿，小乌龟便把头、四肢和尾巴伸出了壳外。

如果你想要别人改变什么或弥补什么，想让别人按照你的想法去做，切记不要采取攻击的方式，关怀和温暖将会更有效。

冲动和怒火就像是一个无孔不入的魔鬼，它可以控制你的心念，让它成为魔鬼作案的武器，让你忘记这个世界本来的面貌。想要拒绝它的摆布，要努力用微笑驱散脸上的阴霾，带给别人一片澄明的晴空。

我深知生活之中有太多火焰在灼烧着我们的理想，可是这又如何呢，火焰还可以带来温度，让你的理想沸腾。当你将自己的一颗心完全抛在一边，将自己深埋于失去理智的癫狂之中，你将看不到原本湛蓝的天空。

了解生活的真相，并且依然热爱生活，这样的人才真正称得上是一个生活的勇士。当你终于获得了这样的力量，任何的戾气也无法淹没你，你便能继续热爱生活，并被这世界温柔相待。

其实不只是你，每个人都值得被温柔对待。

放下执念，别忘记你的微笑

“愤怒的小鸟”是一款风靡全球的游戏，那个愤怒地双目圆瞪的小鸟，就像是一个快要爆发的小炸弹，很多人看到都会会心一笑。为什么它那么受欢迎？

也许是在它身上，大家看到了自己？

让小鸟愤怒地飞出去，发泄了怨气的同时，也让大家恍然大悟：原来结局居然是一团糟糕。

这个游戏的哲学寓意居然如此深刻，相信许多人根本没有注意到它背后的含义。那些倒了一地的木头，那些嘲讽的猪，还有发泄之后浑身狼狈的小鸟，难道不就是一个令人感慨的事实吗？

对小鸟来说，不愤怒似乎很难。但对我们来说，似乎并没有那么多让你必须为之倾力一搏乃至鸡飞狗跳的事情。当怒火在你的心口堆积，它迟早要爆发出来，将你变成一只愤怒的小鸟。所以，仅控制怒气还不够，我们还应该尽快消除怒气，否则，我们的身体就会像一只气球，随着怒气的累积，总有一天会爆炸。

在日本的好多企业中，都有一个专门的房间，里面有公司总裁的照片或塑像，当员工对公司或者总裁有怨气时，就会来到这个房间，对着总裁的照片和塑像破口大骂，甚至拳脚相加，把怒气或怨气发泄出来，然后，轻装上阵，一身轻松地投入下一阶段的工作。

在欧美，也有专供人们发泄不良情绪的俱乐部，里面有各种五花八门的方式以供人们发泄，比如不伤人的玻璃，顾客大可尽情去摔；或者充气小人，顾客可以把它当作那个激怒自己的人，尽情摔打。

在国内，目前供人们发泄和释放怨气怒气的机构和设施很少，我们应该自己想办法，找到一种适合自己发泄的方式。

在古老的西藏，有一个叫爱迪巴的人，他的房子周围和土地边缘，已经被踩得十分坚硬。因为爱迪巴的脾气实在不好，而且他还有个习惯，每次要和人起争执的时候，他就飞快地跑回家去，绕着自己的房子和土地跑三圈，然后坐在田地边喘气。

爱迪巴干活非常勤快，随着一年年的奋斗，他的房子越来越多，土地也越来越广，但是他的习惯仍然保留了下来，只要与人争论生气，他还是会绕着房子和土地跑三圈。

人们对他的做法感到不解，但是不管怎么问，爱迪巴都不愿意说出原因。也有人学他那样在自己的房子、土地周围或爱迪巴的房子、土地周围跑三圈，但没有任何收获。

直到爱迪巴很老了，他已经拥有了很阔气的房子和众多的土地。有一天，他又拄着拐杖艰难地绕着土地转，好不容易走完了三圈，太阳都下山了。

孙子心疼地问他："阿公，您的年纪已经这么大了，而且您的土地也很多，怎么还像从前一样，一生气就绕着房子和土地跑呢？您为什么这么做呢？"

爱迪巴面对孙子的不解，终于说出了其中的原因。年轻时，他一和人吵架、争论、生气，就绕着房子和土地跑三圈，边跑边想：我的房子这么小，土地这么少，我哪有时间、哪有资格跟人家生气，我要把所有的时间和精力都用在更重要的事情上啊！一想到这里，他的气就消了，于是更加努力地干活。

后来，随着自己的房子越来越大，土地越来越多，他再因为生气绕着房子和土地跑时，就想：我的房子这么大，土地这么多，我为什么还要和别人计较？难道我的胸怀还不如我的土地宽广吗？一想到这儿，他的气也就消了。

聪明的爱迪巴找到了一个很好的制怒、止怒的方式，绕圈跑这个过程让他思考，让他的怒气得以发泄，怒气消散后，他会把更多的心力投入奋斗，所以他的房子会越来越大、土地会越来越多。

魔鬼的面目有时候是可憎的，但有时候那可憎的面目又只是一个面具，等着你去揭开，去发现更多的惊喜。

有时候，你以为是磨难，可它却是一份来自上天的礼物。

情绪变幻不定是我们生活的常态。

情绪好时，我们可以对别人的无理冒犯或低级失误表现得很大度，一笑置之；但情绪不好时，我们就像一只举起满身钢针的刺猬，别说遇到侵犯，就是从我们身旁经过的人，也会被刺伤。

当你情绪糟糕时，你的前途会变得暗淡，世界在你眼里也变得灰暗起来，人们在你眼里也变得可恶，平时司空见惯的一些事这时却怎么看怎么不顺眼。在这种情绪的支配之下，你极易与身边的人发生摩擦，也极易因为冲动把一些事情搞砸。

有一位男士，在一家公司做客户部经理。

那天早晨，因为有一个很重要的会议，他一心想早点赶到公司，把准备好的材料再熟悉一遍。但天不遂人愿，车子堵在路上，只能缓缓向前移动，他的情绪逐渐降到了冰点。

在过一个路口时，他差点与一辆右拐的车相撞，他大声质问对方，招来的却是对方的破口大骂。为了准时赶去开会，他只好忍着一肚子气继续往前赶，在开会前半个小时赶到了公司。

但因为情绪很糟糕，半个小时的准备并无多大效果。会议开始后，面对几个重量级的潜在客户，他的发言并不精彩，在客户提问环节，有的问题他甚至没法应付。

结果可以想见，公司损失了几个重要的客户，而他损失的是一大笔奖金。

事后他跟朋友谈起这事时，不无遗憾地说，那天的情绪状态不对头，堵车天天有，要在平时，他不会太在意，碰到一些抢道的也会让一让，但那天却无法忍受，忍不住跟别人发生冲突，这更加重了他的坏情绪，最后酿成了不可挽回的错误。

我们都讨厌坏情绪，但坏情绪无法避免，每月总有那么几天，我们会陷入坏情绪中无法自拔。这并不奇怪，因为人的情绪本身就以“低潮－平稳－高潮－平稳－低潮”这种方式不断循环着，所以每月总有那么几天，我们会受到坏情绪的困扰。

而我们要做的，就是当陷入坏情绪时，想办法平和自己的心情，减轻坏情绪的杀伤力。

科学研究早已证明，音乐能改善人的情绪。舒缓、优美的音乐能让我们的忧愁和烦恼找到一个出口，让我们的心情渐渐平复；轻松、欢快的音乐能让我们摆脱坏情绪，重新听到自己愉快的心跳。

如果你选择放声高唱，你的心情会改善得更快。

我们可以尝试转移注意力，让自己暂时置身事外。如果你因工作上的事烦恼，可以暂时放下，做点其他的工作。实在放不开你还可以抽支烟、去趟洗手间、站在窗前远眺，在这短暂的放空过程中你可以回忆一些愉快的事，让自己从烦恼中解脱起来。

如果你为生活上的事烦恼，可以到公园或树林里走一走，享受鲜花、阳光、鸟鸣，享受溪流或池塘的静谧，你的情绪会得到更大的改善。

我们还可以选择向朋友倾诉。分享幸福可以增加幸福，分担烦恼可以减轻烦恼。当你觉得烦恼时，给一两个知心朋友打打电话，对方说不定可以帮你分析问题，找到解决办法；即使朋友帮不上你，只是简单听你倾诉一番，你的坏情绪也会大大减轻。

忙碌可以让人忘掉烦恼、无暇不快。让自己忙碌起来，也是改善情绪的一种好方法。放下烦恼，全心投入工作，如果暂时无事可做，还可以帮帮同事。烦躁和坏情绪会随着你的忙碌而悄悄溜走。

有些烦恼是人们自己造成的，比如胆小、怯懦、怀疑自己等，赶走这些烦恼的最好方法就是大胆采取行动。对结果惴惴不安，与其不安地猜测不如直接打电话过去询问。事情的结果是好是坏只有试过之后才能知道，有时为一件事烦恼了好几天，实际去做时却只需要几分钟。

实在不行的时候，你也可以努力“装出”一份好心情。心理学家的研究表明，如果一个人总是想象自己进入某种情境，感受某种情绪，这种情绪就十有八九真的会到来。

努力装出好心情会让你不知不觉想些愉快的事情，坏情绪慢慢就会改善。

珍惜此刻，孤独而又那么幸运

你向往远方，向往一个陌生的没有压力的世界。你觉得此刻的自己令人厌倦，因为它有很多令你不爽的理由。殊不知，那些被你忽视甚至漠视的时光，都是美好的礼物。

为什么对当下总是不满？因为它真的有太多不完美吗？可是，面对一杯已经打翻的牛奶，你会伤心地哭泣，还是果断将其清扫进垃圾桶，然后再倒一杯？

相信大家都会选择后者，但在面临其他类似的问题时，许多人却会做出愚蠢的选择。

有一位男士，几年前辞去了老家清闲的公职，来北京追寻他的文学梦，屡屡碰壁之后在一家广告公司做文案。

谈起当初的选择，他后悔不迭，觉得当初自己真是鬼迷心窍，扔掉那份清闲又稳定的工作，却来北京吃苦。

他一边抱怨自己“起得比鸡早，睡得比狗晚，吃得比猪差，干得比驴多，压力无限大，收入无限少”，一边津津乐道以前的工作，“上班喝茶水，下班打麻将，收入虽不多，压力却没有”。

他朋友听他这么说后直截了当地问他：“那你现在还能不能回去？如果能回去，你是否愿意回去？”

他说：“我走之后，马上有人挤进来占了我的职位，现在回去肯定非常困难；就算我能回去，当年跟我在一起的同事升官的升官、发财的发财，我回去只能受人白眼，我还回去干吗？”

“既然这样，你就不要老是沉湎于过去，如果你觉得当初选择辞去公职是错误的，那么何苦拿过去的错误不断折磨现在的自己。何况，在我看来，你当初的选择也未必是错误的，因为你的未来有多种可能，至少有一半可能都通向成功。”朋友坚定地对他说。

人生的路有许多条，每一条都连接着成功。

即使你不慎拐入岔路，并且已走出很远不能回头，也不必沮丧、不必懊恼，因为人生没有死胡同，再崎岖的路也会峰回路转、别有洞天。

戴尔·卡耐基是现在享誉世界的成功学大师，在事业起步时，他开办的学校遍布美国的各大城市，他的事业看上去风生水起，人们都认为他已经名利双收。

然而在虚幻的繁荣后面是残酷而冷漠的数字，他的账目在无情地证明着：他在赔本赚吆喝。

这种情况严重困扰着卡耐基，曾使他一度陷入崩溃的边缘，沉湎于对自己昔日错误的追悔中，以致精神恍惚、无法自拔。

幸运的是，他的一位老师唤醒了他。老师请卡耐基到自己家里，给他拿来了一杯牛奶。当卡耐基刚要拿起杯子的时候，老师突然把牛奶打落到地上。

卡耐基愕然地看着老师，老师严肃地对他说：“不要为打翻的牛奶哭泣，因为这没有用。”

老师的当头棒喝一下子震醒了卡耐基。他重新振作起来，吸取了失败的教训，总结了成功的经验，继续为自己的事业努力奋斗，终于取得了巨大的成功。

过去的时光总是能带给我们很多感悟，而这些感悟之中往往属遗憾最让人印象深刻。也因为这个原因，很多人会为了一杯打翻的牛奶哭泣，反而错过了当下的许多美好。当你明白这个道理，就会发现其实过去的经验的最佳用途就是当下，将它投入到眼前的生活中去，才算不辜负曾经的过往。对很多人中国人来说，“未雨绸缪”是一项很基础的智慧，讲究“凡事预则立，不预则废”是为了让我们更好地掌控未来，如果只是忧心忡忡地为明天的烦恼而难过，被想象中的困难和问题挤走了今天的快乐，难道不也是明天的遗憾吗？

还有这样一位女士，因为先生工作调动而不得不辞去公职来到北京。

来北京后，她在一家小公司打工，每天长吁短叹，发愁自己老了没有退休金怎么办，发愁自己生病怎么办，她的这些忧愁和抱怨让同事和朋友都听厌烦了。

后来，随着工作业绩越来越好，她的忧愁和抱怨也越来越少。

现在，她已经是一家小公司的老板，虽然公司规模不大，但因为有稳定的客户资源，赢利能力和前景都不错。

回首以前，她自嘲地说："我们都觉得杞人忧天很可笑，可没想到我也当了一回'杞人'。"

现实生活中的"杞人"又何止她一个？

处在这个多变的年代，人们普遍缺乏安全感，远虑近忧一起袭来，整天深陷烦恼不可自拔，愁了工作愁房子，愁了房子愁车子，愁了车子愁孩子，愁了孩子愁养老，反正人生没有一事不发愁。

殊不知，你担心的好多烦恼都会随着时间的流逝自然化解，何必让不一定会到来的烦恼挤走今天的快乐？

美国第七任总统安德鲁·杰克逊的家族有瘫痪性中风的病史。在杰克逊的晚年，他一直担心自己会中风。虽然他的身体很好，但他始终不能摆脱家族病史带来的心理阴影。他经常做一些事情来确认自己并没有中风。

有一次，杰克逊和一位年轻的小姐下棋。两人边下棋边兴致勃勃地聊天。突然，杰克逊举着一颗棋子睁大了眼睛，面色苍白、满头是汗地瘫软在了椅子上，棋子也从他的手中滑落。

那位小姐惊慌地叫起来，朋友们慌忙跑过来查看情况，现场一片混乱。

"你到底怎么了？"朋友们焦急万分地问他。

杰克逊表情十分痛苦，喃喃地说："我得了中风，右半侧身体已经瘫痪了。我果然还是不能逃脱这样的命运。"

"你确定吗？"朋友们很惊讶地问。

"刚才我用手在右腿上捏了几把，一点儿感觉都没有。"杰克逊呆呆地说。

“总统先生，如果是这样的话，您可能并没有中风。”那位小姐有点儿难为情地说，“因为您刚才捏的是我的腿。”

我们总习惯殚精竭虑地构思明天，想未雨绸缪，想为明天准备好一切条件，清除一切障碍，却未想过好好地享受今天。时间一天天流逝，一个个明天变成了昨天，可我们的心中仍然只有明天。我们不断预支着明天的烦恼，也就是在不断透支着生命。

不要让明天的乌云遮住了今天的阳光，不要让明天的烦恼困扰今天的自己，让我们好好把握现在，享受现在，成就生命的精彩！

活在当下，便不会无谓地计较已发生的事情，所以无悔；不会对未来未发生的事情无谓地担心，所以无忧。

而一个能无悔无忧活在当下的人，就没有什么可以拖住他的后腿，也没有什么可以强迫他往前。所有的能量都会集中在当下这一刻，生命因此便具有一种巨大的张力，让人全身心投入其中，使生活和事业都迸发出夺目的光彩。

举世闻名的指挥家托斯卡尼尼80岁时，儿子好奇地问他：“您觉得您这一生中，做过的最重要的事情是什么？”托斯卡尼尼想了想，回答说：“我现在正在做的事，都是我一生中最重要的事——不管是在指挥一个世界著名的乐团，还是在剥一个橘子。”

把当下的事情当成最重要的事情努力做好，其实是取得成功的捷径。

这听起来简单，但真正做起来却很难。阳光心态要求我们活在当下，集中精力专注眼前，这本身就暗含了成功之道。虽然我们并不汲汲于成功，但只要真正做到活在当下，那成功作为副产品也会随之而来了。

活在当下，还能让我们更好地体味生命的美好，哪怕死亡即将到来也无畏。因为就算是死亡，那也是下一刻的事情，而我们一直活在此时此刻。

死亡有什么好怕的？当我们存在时，我们就还没死；而当我们死亡后，我们就不存在了，又担心什么呢？

一个饥渴困顿的旅人，在荒原上被一群狼追赶着。

旅人拼命奔逃，慌不择路。

忽然，他发现前面是一道峭壁。旅人收不住脚步跌下峭壁。就在坠落的瞬间，他突然发现峭壁下满是毒蛇。它们瞪着亮晶晶的小眼睛，吐着芯子，满怀期待地等着送上门的美餐。

瞬间，旅人看到峭壁上有一棵小树，他忙一把抓住。

就在他想松一口气时，耳边传来一阵“嚓嚓嚓”的声音——一群不知从何而来的老鼠，正在狠狠地啃着那棵小树的根部！看样子用不了多久，小树就可能被咬断。

这时，他看到小树的叶子中间，长着一个红色的果子。他仰起头，凑近叶子，吃到了那个果子。

他忘却了眼前的一切危险，只是全身心地享受眼前的甜蜜……

我们每个人都是那个旅人，狼群意味着过去的挫折和失败，毒蛇意味着未来的不安和困苦，而老鼠则意味着一刻不停流走的时间。

不要为打翻的牛奶哭泣，不要为过去的错误懊恼，人生的每一天都是崭新的，每一天都有美丽的风景。让我们放眼未来，向着成功的方向，坚定地前行！既然过去无法追溯，未来不可预知，那何不在唯一可以掌握的当下，心无旁骛地品尝甜美的果子呢?

此刻的你，就是最美的你

活在当下，似乎是一个亘古不变的话题。无数的先贤为我们解读了这个掌握生活的诀窍，但却没有多少人真正去领悟。在许多人的眼中，有一个更诱人的东西存在于昨天，那就是各种美好的幻想。

你是否也曾经不断幻想着各种改变？当下生活中的不如意，促使你不断幻想着明天的美好，希望在一觉醒来的时候成为一个更好的自己？

有这样一个故事：

一个年轻人正在河边等待着心爱的女孩的到来。

他们约好了上午 11 点见面，可眼看 11 点 10 分了，女孩还没有踪影。

年轻人许愿说："我实在太爱这个女孩，我最大的幸福就是马上见到她，然后赶紧求婚，我们结婚生子、一起白头偕老，这样我的一生就圆满了。"

神听到了他的祷告，马上把女孩带到了他身边。

他喜出望外，果然马上求婚、结婚、生孩子、养育孩子长大、操持孩子婚礼，一切像走马灯一样仓促运转，接着他就走到了生命尽头。

弥留之际，神问他："这就是你要的幸福吗？"

老人摇了摇头："不，我好像一直被催着、赶着，还没来得及好好体味和老伴在一起的感觉就要死了。如果能重来一次，我一定学会享受当下，哪怕是漫长的等待，也会好好去体会那一份期待的心动。"

神笑了，一挥手老人睁开了眼睛。他发现自己还在河边，刚才原来只是一场梦。

他不再心急火燎地团团转了，而是安静地坐下，倾听自己的心跳，欣赏着周围的美景，等着女孩的到来。

当下是唯一可以把握的时刻。

享受当下的心态也是一种阳光心态。每一个当下连成了过去，连接了未来。

如果能真正在当下无悔、快乐，那一生也会变得安宁、幸福。

一只新组装好的小钟被放在了两只旧钟当中。

左边的旧钟对小钟说："来吧，我教你怎么工作。就是不知道你的小身板儿能一年走完 3200 万次吗？"

"天哪！ 3200 万次！"小钟吃惊不已，"那我不累死了？肯定不行啊！"

右边的旧钟则说："别听它胡说八道。别害怕，你只要每秒嘀嗒一下就行了。"

"真的吗？"小钟高兴了，"听起来挺简单，我就试试吧。"

小钟每秒钟“嘀嗒”一下，很轻松一年就过去了。它在不知不觉中已经走了 3200 万次。

不要为很久以后才发生的事情担心，只要想着当下要做些什么就行了。

过去无法改变，未来也不能预知，何不像那只小钟一样，每秒“嘀嗒”一下，如此，充实的喜悦就会慢慢浸润我们的生命。

俗话说，一鸟在手，胜过三鸟在林。今天刚钓到的一条鱼，也比昨天已经发臭的两条鱼和明天可能钓到的三条鱼更有价值。我们都是凡人，抓住能抓住的，享受能享受的，若非如此，也就失去了活在当下的快乐。

圣・奥古斯汀曾经指出：所谓过去和未来，其实都是虚幻的，只有现实才是真实的存在。人类要想有所作为，就必须把握现在。我们要把握的，并不只是时间，还包括当下你所拥有的一切。

现在的你，或许从上一代那里继承了不菲的财产，极其富有；也可能非常糟糕而且运气总是不佳。但不管何种情况，能够把握现在，未来就有可能改变，穷小子可以变成大富豪，失意者也能成为大赢家；不能把握现在，未来就有可能失败，大富豪也可以沦为穷小子，大赢家也未必能一直笑下去。

1647 年，谈迁耗费了 26 年，六易其稿才最终修成的《国榷》一书，竟然被一个目不识丁的窃贼偷走，从此不知所终。

谈迁并没有放弃，而是重拾翰墨，从头写起，又用了 4 年的时间，终于完成新稿，并反复修订，最终《国榷》这本史学巨著得以流传于世。

书稿失窃的那一年，谈迁已经53岁了。但是他并没有沉浸在气愤和抱怨之中，相反，他能把握住现在，敢于从头写起。

如果选择放弃，他的生命将永远停留在53岁的悲痛之中，又怎会有这部流传于世的著作？

原北京外交学院副院长任小萍，年轻时起点也很低，大学毕业后她被分配到英国大使馆做接线员。当时这个工作完全不被人看好，谁都认为没有出息。可是任小萍却做得有滋有味。

她把所有和使馆有关的人乃至家属的电话都记得一清二楚，慢慢地她成了所有人的大秘书，因为表现出色，后来竟被破格调去给英国一家大报的记者处做翻译。

如果当初她一味抱怨作为接线员的卑微，那么，何来之后跻身于外交战线的人生转折呢？

比尔·盖茨当年所拥有的资源，不过是一种近乎幻想的创业狂热和自己所了解的专业知识，但是最终，所有的奇迹都在这个退学的学生手中被创造出来，一个崭新的IT王国呈现在世人面前，而他也由此成了世界首富。

有句话说得好："寒梅无法选择季节，却傲视冰霜；秋菊无法选择时令，却代秋天发言。"对于人生而言，现在未必是最好，此刻未必是幸运。可是如果失去此刻，你的未来也就失去了一个制高点、一个契机、一种信念。只有善于把握现在的人，才能够盼到危机中的转机、不幸中的幸运、不利中的有利，只要你相信眼前的困难只是通向成功的关口，过去之后就会是晴空万里，就一定能够改变命运。

抱怨当下的种种难过，只是对于“得不到”的一种谴责，而将所有的幻想都放在明天，也不过是对于“不可控”的一种空虚向往。你的罗盘指向了哪个方向，其实全部在你自己的掌握之中，当你低下头来，看看自己的模样，难道不就是昨天你最期待的样子吗？如果你能够爱此刻的自己，那么未来的自己也一定会爱你。

不要再犹豫，将你的船帆升起吧，因为昨天已经给了你武器，让你去创造一个未来更加美好的你。

无惧无畏，让你飞得更高

如果将一个人比喻成一个气球，那么决定我们是否能飞入天际的那根线，也许就是作为一个人的责任与压力。

压力是一个神奇的东西，它就好像一个调皮的小男孩似的，总是趁着你不注意的时候，悄悄拿走你心中的快乐，塞进一堆石块，堵住你的心口，让你感觉活得格外辛苦。

如果你因为压力而感伤，那将是这个调皮的小男孩最终的恶作剧，他不就是希望你因此消沉并落寞，成为他的一个玩具吗?

事实上，并没有什么压力是一个人无法抵御的，因为人有无穷的潜力，那才是上天赐予我们真正的礼物。不管任何时候，只要你抬起头，相信自己，压力就会绕道而行，成为成就你精彩的契机。

“压力”和“拥有”处在对立面，这两个词往往被理解为一个贬义一个褒义，根本不可能冰炭同炉。比如说，你拥有的财富越多，生存的压力就会越小；拥有的机会越多，选择的压力就会越小；拥有的朋友越多，孤独感就会越小。

好像不管在“拥有”后面填上什么，都不可能和“压力”前面填上的东西成正比。

但事实真的如此吗？我们来看看以下这些“奇怪”的例子：

2006年2月19日，李安执导的《断背山》荣获英国电影学院奖（BAFTA）最佳导演、最佳影片、最佳男配角和最佳改编剧本四个奖项。

当李安从伦敦市莱斯特广场的欧迪恩戏院走出来时，面对记者的采访，他坦言获奖越多，压力越大。因为这进一步促使外界一致看好《断背山》，期待它成为冲击奥斯卡金像奖的一匹黑马——而在导演李安的眼里，这部电影原本只是一部没压力的小制作而已。

众人的期待使得李安平添了重重压力，当然，也使他收获了事业成功的喜悦。

被誉为中国“跳水皇后”的高敏，在1988年第一次夺得奥运会跳水冠军时，就完成了从运动员到体坛明星的华丽蜕变。但是作为中国军团兵败汉城（今首尔）时的唯一亮点，她身上的压力可想而知。

1992年巴塞罗那奥运会比赛前，由于巨大的压力，她极度忧郁，甚至想过如果拿不到冠军，她就从当地最高的楼上跳下去。然而最终，她跳楼的噩梦没有成真，因为她夺冠的梦想又一次成为现实。

压力与收获几乎是完全相同的重量。

2010年5月，青岛春季纺博会创造了18亿美元订单的新纪录，海外订单平均增加 4 成，但是纺织企业却出现了订单越多利润越少的情况，部分中小企业甚至因成本高于售价而关门停产。

之所以出现这样的情况主要是有三大原因：熟练工短缺抬高了工资、棉花涨价促使成本大增，以及欧洲债务危机压缩了利润空间。所以我们看到，拥有了越多机会、越多订单，也就意味着承担了更大的压力。

名人如此，企业亦如此，常人同样也会出现如此情形。

有一位年轻人进入了一家企业的外销部门，作为该部门唯一的职员，老总对他器重有加。第一天，一台崭新的台式电脑就搬到了办公室；中午，老总又亲手交给他一台笔记本电脑；不久，又给他配了一部高档的商务手机。

年轻人觉得老总对自己这么好，给自己这么优厚的待遇，肩上的压力越来越大，工作中总是谨小慎微，生怕有一点疏漏，稍有闪失就觉得万分对不起老总。

因为拥有越多，所以压力越大；又因为压力越大，所以加倍努力，年轻人的进步也就越大，拥有也就越多。压力和拥有就像滚动雪球的两个着力点，使他的成绩不断累积。

人生有时就像赌博，一旦你被赋予的期望值越高，为你而下的赌注就会越大；反过来说，你身上被押的赌注越大，你所承担的压力也就越大。这份压力促使你不能向下，只能向上；不敢回望，只能前行。

虽然承受压力的感觉不免痛苦，但同时你又会感觉到被信任与被关注的甜蜜，以及被推向攀登巅峰之路的紧张与喜悦。

压力现在已经成了一种社会病。

首先是工作压力大，自己的表现似乎永远不能让老板满意；其次是生活压力大，物价像坐过山车似地攀升，收入却像老牛拉的破车般慢慢往上爬；还有房子的压力，孩子受教育的压力，以后养老的压力，这些压力像一座座大山，压得人们喘不过气来。

一天，一位同样被生活的重负所累却始终保持乐观旷达的朋友，讲了一个故事：

有一个中年人每天要应付很多事情，工作上的、朋友间的、家里的，他觉得生活太沉重了，压力非常大。苦恼的他想从困境中解脱出来，于是去咨询一位智者。

智者听了他的诉说，给他拿了个背包，然后指着门前的路对他说："我们顺着这条石子路走，每当你看到自己喜欢的石子，就把它放进背包里面。"

中年人随着智者慢慢地在路上走，并且将喜欢的石子放进背包里面。走到一半路程的时候，他已经装了半包漂亮的石子。

智者问他："现在你有什么感受？"中年人说："越往前走，让人喜欢的东西越多，背包也就越来越沉重。"

智者捋了捋银白的胡须，微笑着说："是啊，其实人生就是这样，每个人刚来到这个世界上时，背包里面都是空空的。随着年龄的增长，我们拥有的东西也越来越多，亲情、爱情、友情、工作、家庭、荣誉、金钱、幸福等，随着路越走越长，背包里的东西也就越来越多，所以我们会感到压力越来越大。"

中年人问："那我怎么做才能减轻负担和压力呢？"

智者微笑地看着他，回答道：“要减轻负担其实非常简单，你只要把拥有的美好东西拿出去一些，你的压力就会减轻，友情、爱情、家庭、地位等，你想放弃哪一样呢？”

看着智者深邃的目光，中年人无言以对。

生活就是这样，你拥有的越多，承担的就越多，感受到的压力就会越大。试想，如果你没有工作、处在失业的状态，又何来工作的压力呢？这样想想，工作压力大也是一种幸福啊！

台湾作家张晓风有一篇散文，提到自己跟丈夫谈恋爱的时候，有一次在湖面泛舟，回程时忽然刮起大风，小船在湖里直打转，丈夫奋力摇橹，累出了一身大汗。

张晓风愧疚自己加重了船上的负荷，丈夫却说：“只要你肯在船上，你是我最甜蜜的负荷。”

台湾作家林清玄在阐述“人生之美”的时候也曾说过：“爱和美，可以减轻许多人生的重担。”

他接着举例说：“当你回到家中，面对你爱人的时候，你可以满怀爱意地把她抱起来，转上一圈。这时，如果给你一块50千克重的石头，也让你抱起来转一圈。结果呢，你会发现石头很沉，让你不堪重负，为什么？那是因为你对石头没有任何感情，石头的重量是真实的重量，而爱人的重量则是一种幸福的重量。”

在人生的背包里，每个人都放进了不同的东西，那些“石头”是我们的责任，也是我们的压力，但同时它也是生活给予我们的礼物。不管是事业还是爱情，不管是友谊还是婚姻，这些带给我们压力的东西，难道不是给了我们无限的幸福吗？

当我们享受着生活给予的快乐，你会发现压力似乎也变得轻松了，它带来的沉重成就了今日的你，这才是沉甸甸的收获。当你感受到生活的快乐、爱情的美好以及生命的充实时，你应该庆幸，因为你得到的将是生活丰饶的赐予。

现在，就请你停下来审视一下自己的背包，看看那些给予你压力的美好赐予，因为这样甜蜜的负担，一定会给你充沛的动力，让你飞得更高。

心清者的孤独，仔细回味那些美好

越来越多的人行色匆匆，越来越多的人健步如飞。但是我们的心灵也随之饱满了吗？

我们只看到越来越多的人变得空虚，快乐也越来越少。所以有人曾经说过：“现代人的痛苦，正是因为走得太快，以致于灵魂都追赶不上我们前进的脚步了。”

现代社会的人们，似乎非常忌讳“慢”这件事。所有的事情都在要求速度，要求快速地完成那些任务，因为接下来还有很多事等着你去做。

走上大街，你会发现各种速成班；行走职场，你会发现各种快鱼吃慢鱼。在很多行业之中，你都能发现大家以“快”为傲，“三天减肥八斤”“落后就要挨打”之类的标语似乎遍地都是，因为大家都怕慢，怕被抛弃。

想起了一则童话：

有一双非常漂亮的红色舞鞋，无论哪个女孩子把它穿在脚上，都能跳出仙女一样的舞姿。姑娘们都喜欢这双红舞鞋，一见它就两眼发亮，兴奋得尖叫不已。

可是大多数姑娘都只敢想而不敢穿。因为这双红舞鞋有魔力，无论谁穿上它，都不得不狂热地跳舞，直到累死为止。

一个擅舞的、可爱的小姑娘实在抵挡不住红舞鞋的魅力，不听家人的劝告，悄悄地穿上它跳起舞来。果然，她的舞姿美极了，使所有见到她的人都为之倾倒。姑娘的虚荣心也得到了极大的满足。

她不知疲倦地跳着，无法停下脚步。无论是黑夜降临，还是狂风暴雨袭来，姑娘都无法停止，只得勉强在黑暗和风雨中跳下去。她跳到了陌生的森林，跳到了肮脏的泥沼，跳到了尖利的石堆上。她终于害怕了，想回到温暖的家，可红舞鞋还在不知疲倦地带着她跳舞。

最后，当太阳升起时人们发现，姑娘安静地躺在一片青草地上累死了。她的双脚又红又肿，而旁边，则散落着那双妖艳、带着魔力的红舞鞋。

这个故事使人感慨万分，却又心惊胆战。

永远无法停下地舞蹈，想想就可怕。有时候，我们是不是也成了那个穿上了红舞鞋的姑娘，在不知不觉中背叛了自己的心，只知道追着诱惑不停地向前旋转？我们何时能停下着了魔的脚步，让身心休息一下，好好地享受生命中的平淡和美丽！

一味求快的人不一定是最终的胜利者，因为生命不是一场赛跑，跑得快的人不一定会赢。我们应学会不让心灵被欲望奴役，让它自在地迎风飞扬。

有句广告词说得好：“停下来，享受美丽。”我们也应放慢脚步，去体味一下久已生疏的安宁和感动。

一个牧师在布道时，曾婉转地批评那些过于追逐外在事物的人：

上帝给我一个任务，叫我牵蜗牛去散步。我想快点走，可蜗牛爬得实在太慢。尽管它已经很尽力，但依然让我无法容忍。

我催它、吓唬它，甚至敲打它，可蜗牛依然慢慢地爬着。我愤怒了，对蜗牛拳打脚踢，可蜗牛尽管喘着粗气拼命往前爬，依然慢得要命。

我绝望了，不明白为什么英明的上帝要让我牵一只这么慢的蜗牛散步？

发泄累了，我只好停了下来，认命地跟在蜗牛后面，看着它一点一点往前爬。

咦？我忽然闻到了花香，原来旁边有个花园。我感到微风徐徐吹来，温柔得让人落泪。慢着，我听到了什么？是虫鸣声；看，天空多么晴朗。

我以前怎么没有留意到这些呢？哦，我明白了，原来上帝不是让我牵着蜗牛散步，而是让蜗牛牵着我去散步啊。

紧张的生活节奏压得人透不过气来，我们也应常存一份“牵着蜗牛散步”的闲心。偶尔放慢你的脚步，心也会变得豁达。我们会重拾在匆忙赶路中遗失的美好，让眼睛不再对美丽视而不见，我们会闻到阳光的清香，感到清风的温柔，听到花开的声音，我们会享受到自然与生命的美妙。

杨先生是一位企业老板，他每天都忙得像个陀螺，似乎永远没有停下来的时候。

有一次，一个朋友邀请他到一家茶楼聊天。杨先生一见到朋友，几句寒暄后就谈起了工作。他说市场竞争太残酷，自己时时担忧；他抱怨下属和同行，让他简直要崩溃。

朋友建议不谈工作，只聊聊天。杨先生却惊讶地问：“不谈工作还有什么可谈的？我现在的时间宝贵着呢，一分钟恨不得当两分钟用！”

结果原本快乐的休闲时光，却被杨先生不停地诉说工作烦恼而打乱。

朋友问杨先生：“你最渴望什么？”

他说：“我最大的渴望就是能回家喝碗粥。”

因为他整天忙碌，很少有时间回家和家人一起吃饭。他的儿子都快高中毕业了，他却连老师的名字都不知道。他经常挂在嘴边的一句话就是：“我真的不想干了，可是我必须撑下去。”

杨先生就是这样整天工作，明知没有乐趣也不停地往前冲。用他自己的话说，“我就像卖给了这家工厂”。

我们应该为他感到悲哀，因为他不懂得适时停留，导致生活的残缺，这样哪怕赚再多的钱也不会快乐。

我们不能走得太快，因为我们不是飞鸟、不是野兽、不是天使，我们只是平平凡凡的人。我们需要朋友、需要欢乐、需要幸福。我们应该停下来，给自己一点时间，体味生命的热闹与荒凉，欣赏苍穹之上的辽远与空阔，享受平常的小小幸福。

以输赢论英雄深入人心，争赢求胜似乎是人类的天性。

但我们要问：输赢的标准是什么？输者真的输了吗？赢者一定赢了吗？

万物相对，成败输赢也是如此。输赢只是一时，世事如梦似幻，人生一世，最终也不过走向死亡。那时所有的争斗和比较，都会以平局而结束。

一休禅师以聪慧闻名，有些人为了证明自己比一休更“聪明”，就来找他比试。

一位武士手握一条鱼，找到了一休。他说：“请问禅师，我手中的这条鱼是死是活？”

一休知道，如果他说鱼是死的，武士肯定会松手，那鱼就是活的；而如果他说鱼是活的，那武士必定会捏死那条鱼。于是，一休双手合十，淡淡地说：“鱼是死的。”

武士马上把手松开，哈哈大笑道：“禅师啊，你输了，这明明是条活鱼。看来还是我比你聪明啊！”

一休再次淡淡笑了一下，说：“是，我输了。”

一休输了，但是他却为一条鱼赢得了生命。

在一休看来，输赢得失并不重要，生命才是最宝贵的。他达到了自己的目的，这样看来，一休也赢了。

有人曾说：“放下输赢，你就赢了。”有时候我们光顾着争赢，就如同那位盲目自大的武士。但实际上，结局并非是我们认定的那样。看似赢了，实际上却可能输得更彻底。

有一位禅师，经常和村中的儿童嬉戏玩耍。

有一天，禅师和一个儿童做争输赢的游戏。他们约定，谁输了就给对方买果子吃。禅师先说。他伸开两只手，“喔喔”叫着：“我是大公鸡。”儿童笑嘻嘻地说：“我是虫子。”禅师马上做出扑上来的样子，大叫：“大公鸡要吃虫子，哈哈，我赢了。”儿童却说：“嘻嘻，我飞走了。”禅师愣住了，过了一会儿，他大笑说：“你赢了，走，我给你买果子吃。”

为什么禅师自认输了呢？因为儿童跳出了他们的争执，没有按照公鸡、虫子拼个你死我活的逻辑接下去。

他天真无邪地说要一飞了之，如此则避免了争斗。不争即为争，败也是一种胜。这恰恰符合禅的宗旨。

老子曾说："夫唯不争，故天下莫能与之争。"有人跟你争，你避开他，让他赢又怎样呢？他能赢到什么？而你又会输掉什么呢？想明白了这点，就会看透输赢的本质，不会患得患失，斤斤计较。

古时候有一个人叫陈嚣，他和纪伯是邻居。

一天夜里，纪伯偷偷地把陈嚣家的篱笆拔起来，往后挪了一段距离。这个举动恰巧被陈嚣发现了，他没有恼怒，而是想："你不就是想扩大点地盘吗，那就随你吧！"等纪伯走后，他又把篱笆往后挪了一点。

天亮后，纪伯发现自家的地多出了许多，马上知道是陈嚣干的。他非常惭愧，主动到陈家道歉，并归还了原来侵占的陈家的地。

为什么我们中国人普遍感到人生不易，活得太累？因为我们过于看重输赢，总是好强争胜。

人类最大的愚蠢，就在于逃不出一个"争"字。如果一生时间都花在不择手段争输赢上，那我们就成了输赢的奴隶，反而忽略了人生中真正重要的事情。

人活一生，只有婴儿和老人最滋润。因为婴儿年幼无知，既不会争也不会抢，所以怡然自乐；而老年人已经和别人争过、论过，所以不再执着于输赢。没了输赢之心，自然活得快意潇洒、无拘无束。

很多时候，我们都过于看重输赢。其实想想，人生又有多少事情非得去争出个子丑寅卯呢？就算争赢了又怎样？最终不过暂时获得了一点满足，又能对人生增益多少呢？

当一切走向终点，大家都会与泥土融为一体，谁还会记得那些无聊小事的输赢？

有位朋友，以前是个凡事喜欢强出头、争强好胜的人物。

在一次体检中，他查出长了胶质肿瘤。从他痛苦绝望的眼神中，我们再也看不出昔日的锋芒毕露和争强好胜，只看到强烈的求生欲望。

此时此刻，他方明白之前一直争取的东西都毫无价值。名利也罢，地位也好，晋升、加薪、好工作，都不能让他感觉到快乐。

他的愿望只是活着，哪怕住茅屋、吃糠咽菜，他也会甘之如饴。可是，谁又能满足他这个卑微的愿望呢？

在争夺的道路上，人们无法慢，也根本慢不下来。因为他们要和人相斗，要和天地相斗，要和时间相斗，不管哪一样，只要一慢就会落败。于是机关算尽、劳心劳力，就算得到的未必是自己想要的，那也要争一争。

为了获得，为了快，我们付出的代价是惨烈的，健康、快乐、和谐与安宁，都因为快而变成了奢望。可是你看那些洞穿世事的人们，他们更加在意的是自己的健康与内心的宁静，还是一时之间的赶超呢？

你会发现越是明白其中利弊的人，越懂得顺其自然，因为他们知道必须要遵循的规律是什么，反而可以获得别人无法得到的东西。

不争之争是一种佛家的境界，证严法师就曾经说过：不争的人才可以看得清事实，因为一争就会乱了，只要乱了就会犯错，只要犯错结果就只能是落败了。我们应该明白，普天之下，和时间、生命赛跑的人并没有一个是赢家。

既然如此，何不让自己的脚步慢下来，感受一下此刻的风景，不用急着赶往下一个转角，因为该来的必然会来，此刻才是真正属于你的生活。

勇敢，自由意志的价值

什么样的人才是真正的快乐者？这个问题是很多哲学家不断思考的问题。他们认为人生并不仅仅为了活着，而是一个创造的过程，而创造价值才是让一个人获得快乐的根本方法。

在这个世界生存的每个人，都带着自己的使命而来。他们都要创造自己的价值，但很多人却在半路的时候迷失了方向，忘记了自己的初心。

当你走入职场，从事一份工作，它是你的谋生手段，还是让你获得价值的途径？有多少人可以面带微笑地回答这个问题呢？

在有些人眼中，工作是不得已而为之，他们号称“如果可以的话，谁愿意工作呢”；但也有人不这么认为，他们将每一份简单的工作都当作是一次创造奇迹的过程，因为很多并不存在的事物通过他们的工作才呈现在了大家的眼前，每一项工作都是大有可为的事业。

当我们从事一份工作的时候，只有时时处处念兹在兹，才能认识到工作的真正含义，不断实现自我超越。前国家体育总局局长袁伟民说过：“要想在事业上真正干出名堂来，首要的是有一颗强烈的事业心，以及在这种事业心支配下产生的钻劲和出奇的迷劲。”

有一位老师，教了近20年体育，到他年近不惑时，由于种种原因竟然改教了语文课。大家应该知道，语文课是公认最好教又最难教的课：说它最好教，是因为语言是最重要的交际工具，谁都会说话、谁都写过文章、谁都有语文基础；说它最难教，是因为语文不管怎么教，要教出很大的成果都非常困难，特别是难以立竿见影。

所以这位老师平常也没少听那些一线语文教师的唠叨，总是抱怨不如教数学有成就感。

可是这位体育老师却不这样认为，他怀抱着一颗火热的心，下了狠劲要把语文教好。字不好，他就坚持用毛笔小楷备课、改作业、写字，一用就是三年；朗读不好，他就向低年级教师拜师学艺，回家后一遍又一遍地通过录音来校正发音；上课缺少经验，他就从零开始，一节又一节地听同事的课，一本又一本地啃理论。

结果不到10年他就成了全国著名特级教师，至今已出版了理论著作十多部，所获奖项更是不胜枚举。

这位教师就是支玉恒。

科班出身的语文教师尚且发愁，半路出家的体育老师却不到10年就有所成就，归根结底是因为支玉恒能够把语文教师这个工作当成事业来做，高度的事业心成就了他的事业。

格瑞曾经是一家超级公司的部门负责人，可谓前途无量。

可是某一天，他因为抵制不住看欧洲杯的诱惑，擅自离岗半个小时，结果被老板发现炒了鱿鱼。后来，他又陆续应聘了几家公司，始终做得不如意，最后竟然穷困潦倒、借酒浇愁。

接替格瑞的是德克，他各方面能力都不如格瑞。但是德克与格瑞最大的不同是非常热爱自己的工作，每天都力求把自己的工作做到最好。即使下班后，还经常思考怎样提高自己的工作效率，怎样带领全部门创造更好的业绩。

最后，德克成了公司的欧美区总裁。

当格瑞遇到德克时，他依旧在为当年的行为辩解："这是极其不公平的，我已经处理完了手头的事务，况且我为企业奉献那么多年，为什么就不可以离岗半个小时？命运真是不公平啊！"

德克说："也许是命运，不过关键却不在于此，而在于你只是把工作当作一种谋生手段，而没有将其当作自己的事业来做。"

解释格瑞和德克唯一的区别，就是二者事业心的差异。

前者因缺乏事业心而轻视工作；后者因为拥有强烈的事业心而踏上了成功的红地毯，步入成功者的荣誉殿堂。

在绝大多数人的观念中，工作和游戏是截然分开的。

工作意味着压力和责任，所以总让人感觉沉重；游戏代表着放松和快乐，所以总让人感觉愉快。工作是为了生存和发展，不得不做、无法逃避；游戏是为了精神享受，让人期待、让人向往。

如果有人说请把工作当游戏，你一定觉得他在开玩笑，因为我们通常用“游戏人生”来形容不负责任的生活态度，是令人鄙视的一种行为。

把工作当游戏，不是让你以不负责任的态度对待工作，而是让你用对待游戏的激情和放松心态来对待工作。

从古至今，工作和事业都被当作一个非常宏大、非常沉重的命题来谈论和宣扬，所谓“天将降大任于斯人也，必先苦其心志，劳其筋骨”，好像一个人若想做出了不起的成就就必须做出非常大的牺牲，忍受非常大的痛苦，其实事实并非如此。

我有一位朋友乐茜曾经在澳大利亚留学并生活了几年。在和当地人打交道的时候，她发现澳洲人总是面带笑容，对周围的人充满了善意，即便是工作很辛苦的服务员、维修工等体力劳动者，也不会因为疲惫而忘记微笑。对于这样的民族个性，她一直很好奇，直到她遇到一位女士。

有一天，乐茜在街角的一家咖啡馆里写论文。这家咖啡馆她已经来过好几次，服务员都是充满活力的年轻女孩，可是这一次为她服务的却是一个头发花白，看上已经六十多岁的女士。在养老福利很好的澳洲，这种情况很少见。于是她便问：“您年纪这么大了，怎么还要工作呢？”

这位女士笑着回答：“因为工作可以让我快乐！”

似乎是看出了乐茜的疑问，有一位服务员便告诉她：这位女士是咖啡馆的老板，而且她还管理着一家生产麦片的公司，是当地有名的“麦片女王”。每个月，她都会来到咖啡馆为顾客服务，并亲自询问他们对于食物的要求，作为改进的方向。

事业已经如此成功，已到花甲之年，是什么动力支撑着这位女士孜孜不倦地工作呢？再次相遇的时候，乐茜直言不讳地问：“很多人都把工作当成一件很辛苦的事，但在您的脸上却看不出一点辛苦的表情，您一定有什么秘诀吧？”

这位优雅的女士听了乐茜的问题，大笑起来。她说：“其实很多人问过我这个问题，有些人好奇我的成就，有些人好奇我为什么还不停止工作。在他们看来，工作让人痛苦，而在我的眼中，工作是一切快乐的来源，而所谓的成功不过是你享受这些快乐带来的结果。”

她告诉乐茜，自己年轻的时候并不知道该做什么，各个行业都去尝试了，最后才发现她最钟爱的还是食品业，于是便将热情都投注在饮食的研究上。持续的关注和努力为她带来了极大的成功，而在获得这些成就之后她才发现成功原来可以很容易、很轻松。

“曾经有个记者采访我，希望我分享一些为了获得成功不断吃苦、克服困难的故事给大家，但我真的没有办法。”她摊开双手，笑着说，“因为我工作的时候很开心，成功也来得很自然，我根本没有觉得这是一件苦差事啊！”

“麦片女王”的一席话，让乐茜的内心受到了极大的震动，她发现自己原来一直认为的真理居然都是错误的。成功不一定是通过牺牲或忍受痛苦而来，它也可以轻松、愉快地来到你的身边。

要做好我们的工作，要在事业上取得成功，并不一定非要“三更灯火五更鸡”，并不一定非要“头悬梁、锥刺股”，只要我们对工作感兴趣，并坚持不懈地付出努力，我们就会慢慢取得成功。这不正是我们玩游戏时抱有的心态吗？

把工作任务当作游戏的目标，把工作中的困难当作游戏过程中需要闯过的一道道关卡，把难熬的工作当作一场快乐的游戏，你会发现工作变得轻松了许多。

小辛认识一位做导游的女孩，她上大学的时候迷恋上了一种叫“过山车”的网络游戏，就是用一堆金币和材料建造一个游乐园，并经营下去。

刚开始玩的时候，她总玩不好，总是把钱花在一些花里胡哨的无用东西上，结果成本很高，游乐场难以为继，很快就倒闭了。后来她吸取了经验教训，尝试用最少的钱来建游乐园，还学会如何用免费模式吸引游客，等游客多起来再想办法附加收费项目，也学会了如何参与各种评奖赢得口碑、建立品牌，后来她的游乐场经营得非常好。

大学毕业参加工作后，她不自觉地就把游戏中积累的经营思路和工作模式运用到了工作中，为游客设计个性化的旅游线路，并挂在网上销售。

基于以前玩游戏的积累，她的工作做得风生水起，更重要的是，她觉得现在的工作就像以前游戏的延续，真是其乐无穷!

其实，我们每个人的工作能力相差并不大，但真正能够在工作中表现出激情的人却并不多，这就在很大程度上决定了工作的结果。

正所谓看法决定想法、想法决定做法、做法决定结果，如果你能把工作看作一场快乐的游戏，以对待游戏的热情来对待工作，并持之以恒地坚持下去，未来你一定会成功!

我们时常会听到这样的抱怨:

“真烦，天天跟机器人一样，重复同样的事情，真是命苦啊! ”

“三点一线，一成不变！”

“你看某人的工作多好，干那份工作才叫带劲！”

……

这些抱怨就是人们对工作失去新鲜感后，产生的职业懈怠。再有创意、再刺激的工作做久了都难免重复，很容易让人厌倦。这种懈怠和厌倦情绪就像蛀虫，慢慢蛀蚀掉人们的责任心和创造力，让大多数人庸庸碌碌地度过一生。

有三个泥水匠，在同一个建筑工地打工，他们是老乡，休息时三人一块去给家人打电话。家人问他们最近工作怎么样，三个人说了三个截然不同的答案。

第一个工人说：“唉，我们就是在盖房！这工作非常枯燥，每天重复那几个动作，而且还累得要死。”

第二个工人说：“嗨，我们在盖一栋高楼，工作虽然累，但我从没见过这么高的楼，你们想象不出这楼盖出来会有多气派！”

第三个工人说：“哈哈，我们正在建设一座新城市！不久，这座崭新的城市就会在我们手中诞生，看看，我们做的工作多么值得自豪！”

若干年后，第一个工人还在建筑工地干活；第二个工人成了这家建筑公司的设计师；至于第三个工人，则成了这家建筑公司的总经理。

这三个工人的差别在于对工作的认知，第一个工人仅仅把工作当作谋生的手段，所以觉得工作就是苦役；第二个工人将每天的工作跟不久后的目标联系起来，在目标中找到了乐趣；第三个工人把工作跟自己的梦想联系起来，不只在工作中找到了乐趣，还找到了自豪感。

由此可见，目标和梦想不仅能让我们感受到工作的乐趣，还能让我们保持对工作的热情和憧憬。

另外，注重工作中的细节，把细节变得充满乐趣，也能让工作变成一件快乐的事。

有个人接下了一个经营不善的鱼摊。但接下来的日子里，他很快就意识到经营这个鱼摊的艰难。生意不好，员工也没干劲，干起活来没精打采。

这样下去是死路一条，这人经过思考，决定把卖鱼这个普通的生意做出特色来，并制订了切实可行的计划——“快乐卖鱼”。

在接下来的时间里，他和员工每天都把卖鱼当成一种快乐的表演。

每一道工序，工人都把鱼高高地抛给下一个人，并大喊一句：“鲑鱼飞到威斯康星！”这样卖鱼，他们都觉得很快乐。买鱼的人也感染了这种快乐，高高兴兴地把鱼买回了家。

就这样，几年间他们的营业额翻了 5 倍。

孔子曾经说过：“知之者不如好之者，好之者不如乐之者。”有的时候，学习也是我们的工作，而不管是学习还是工作，乐趣才是让你前进的永动机，有了它，人才可以不畏艰辛，轻松克服工作中的艰难。

去存在，不辜负上天给予的你那么多的才华。

去创造，让自己的存在变得有价值。

去生活，就像这是一次奇妙的旅程。

当你怀抱着这样的心态来面对每一天，你会发现有那么多惊喜在等你，有那么多价值等着你去创造，相信连你自己都会为自己骄傲。

阅尽苍凉，愿你依然勇敢如初

当我们阅尽了这个世界的苍凉，你是否还可以保持内心那一份纯真的勇敢，让它不褪色，让它依然鼓舞着你每一次迈出的脚步？这个答案只存在于你的内心。

并不是越多的积累就会让我们越勇敢，相反地，一个孩子可以无畏地去抓火苗，而一个成人则会理智地在火焰面前止步。这是我们的成熟，还是我们的畏缩？

现代人的很多痛苦，都来自于无法实现自己的梦想。太多的责任压在肩头，让我们对于成功的渴望空前地强烈。

然而成功并不是那么容易获得的，尤其是在你经过了俗世无数次洗礼之后，仍固执地执迷于成功本身，那么你牺牲掉的将是自己的快乐、健康和内心的宁静。

相反，那些历经了人世苍凉之后，静静地将索求成功的想法束之高阁，用心地去生活、认真地工作，耐心地面对自己的每一天的人，反而可以获得生活的赐予。

成功是醉人的美酒，成功是迷人的花朵，将对未来的期盼化作前进的能量，给我们带来身心的愉悦，能增加我们的勇气、鼓舞我们的干劲，从而使我们更好地承受工作压力、完成工作任务。

有位国王想找一位最出色的雕刻家来为王后雕一尊塑像。经过层层筛选，最后有两名雕刻家被带到国王面前。

国王命令他们在三天之内完工，如果逾期未完，或者雕得不好，就要被流放到寒冷可怕的北方孤岛。

两个雕刻家开始工作了。

第一位雕刻家愁眉苦脸，抱怨自己不幸的命运："万能的主啊，为什么是我呢？为什么要让我活在这门手艺上，又死在这门手艺上呢？两人比赛，肯定有输有赢，然而谁又能揣测到国王陛下高深莫测的意旨和喜好呢……"可想而知，他的工作进展得并不顺利。

第二位雕刻家则一刀一刀地雕琢着他的作品，好像一点也不担心自己的命运，完全忘记了周围的一切。渐渐地，躯体、毛发、五官……一个美丽的女人出现在人们面前。

最终，第二位雕刻家赢得了国王的赞赏，而第一位雕刻家则沮丧地瘫倒在自己的作品前。这时，王后说："首先，我要感谢你们的作品，这次竞技其实是我和国王陛下打的赌，所以你们两人都不会被放逐。我认为高压会压抑人的才华，但是现在我输了，因为你们中的一个能够在巨大的压力和威慑下出色地完成任务。但我很想知道你是怎么做到的？"王后边说边把头转向了第二位雕刻家。

这位雕刻家说："很简单，尊贵的王后。其实我承受的压力和别人丝毫不差，可是每当压力袭上心头，我总是想：我曾经雕过多少美丽的少女，给人们带来了多少美的震撼。而如今我雕刻的是一位如此美丽的王后，一旦完成，一定会是流芳百世的杰作！这样，我的压力就暂时没有了，我就会完全陶醉在工作之中。”

压力是一种外界施加的客观存在，其有与无、大与小不是人所可以控制的，但是人却能控制自己应对压力的心情。

在压力面前，不过多去想压力的可怕，而是展望压力过后即将迎来的成功，这样才能拥有一种良性的心态，有助于我们完成工作。

我们不能改变环境，但是可以改变心态；我们不能抛开压力，但可以多想想成功。

Part 04

你不完美，但你一样很美

完美主义是一个怪圈，

让很多人遗失了本应属于自己的美好。

我们被洗脑太多次，要赢过别人的思想，

要不能出现一丝误差，都逐渐变得力求精细，

却总是盯住自己的缺点不放，

最终陷入怪圈之中难以自拔。

黑暗中并非只有孤寂

人生的际遇本身就充满了不确定性，这一天走出去，你不知道自己会遇到晴天或是雨天。既然人生有许多事并非我们人力可选，那么你的世界就注定了会充满不完美的选择。有些人可能生来就可以拥有蓝天白云一般的畅快，但有些人却不得不在乌云之下辛苦求生。

但是不管天气如何，不管你的人生是否完美，我们不得不选择继续，选择一步一个脚印向前奔跑。

人生漫漫，谁不会在生命中遇到一两件不如意的事？有时，摆在面前的甚至是一道永远无法跨过的鸿沟，或者一场无法避免的灾难。很多人在面临这样的不幸与困难时，会懊恼地埋怨命运，灰心丧气，消极应对。

其实，缺陷和不幸，有时候也是一种美，一次人生的转机。只是很多人无视了它，所以，这种美才变得黯淡了，转机也被白白错过了。

她是一个不幸的女孩，因为患有先天性白内障，三个月大的时候就被父母遗弃了。是善良的姥姥收养了她，用爱心把她抚养成人。她的世界虽然是黑暗的，可是她的心却始终渴望着光明。在她的世界中，光明和阳光就是山谷间的风声，就是森林里的鸟鸣，就是小溪流的叮咚作响，就是夏夜，姥姥坐在葡萄架下讲故事时温和的声音。

她爱上了这个耳边的世界，爱上了大自然中所有美妙的声音，当然也包括音乐。小小的她学了很多乐器，并在学有所成后逐渐走上了调琴的道路——她，成了一位盲人调琴师。

在盲校学习调琴时，她不知道吃了多少苦头，锤子砸在手背上了，螺丝刀扎到手上了，刨木头时又伤到手了……这样的事情经常发生。

每逢这个时候，她的心里就很难过，如果她是一个视力正常的女孩，就不会吃这么多苦了。好在这样的情绪很快就过去了，她对自己微笑一下，鼓励自己："既然别人能学会，我也能，不过是多失败几次罢了。"

一晃五年过去了，她终于对钢琴上的八千多个零件了如指掌。一架钢琴放在她面前，她仿佛能看到它，还能透视它。她想，有了这样的本领，找一份调琴的工作应该不会太难吧？

可是，她错了。

当她告诉琴行的负责人，她是一位盲人调琴师，想找一份调琴的工作时，对方哈哈大笑说："盲人调琴师？盲人也能调琴？"

她在找工作的时候遇到了不少挫折。但她似乎与生俱来拥有一种不屈不挠的精神，她没有放弃，而是挨家挨户，不断去寻找。

她想，总有人会相信她的。

在不断地努力下，终于有一家大琴行决定录用她。她高兴极了，马上买了一份盲文地图，亲自摸索着走遍了整个城市的大街小巷，以便日后去客户家时能够不迷路。

每次有客户打来电话，让她去调琴时，她的心情总是很激动。无论刮风下雨，还是烈日当头，她都会马上赶过去，决不迟疑。可是，客户对眼前这位不起眼的盲人调琴师却不那么信任，他们常常会无端怀疑和谴责她的技术。

有一次，一位客户要求她给一架十年未修的钢琴调律。

她摸索着赶到客户家，仔细地为钢琴做起了检测。由于这架钢琴已经年久失修，检测需要花费较长的时间。等在一旁的客户有些不耐烦了，毫不客气地指责道：“说什么盲人调琴师，我看你的技术根本不行，不过是个混饭吃的骗子罢了！”

听了客户的指责，她的心里委屈极了。

她知道，弹钢琴的人，其实有很多并不懂琴。她如此煞费苦心，认真为客户的钢琴做全面检测却无法得到客户的理解；而业内一些不负责任的调琴师，表面上装得十分高深，实际上草草了事，花几分钟就把钢琴调好了，反而会让客户们感到高兴。

虽然委屈，她却有口难辩。她无法说服自己也像别人一样去骗人，“相信自己、坚持自己”是她做事的信念。眼前虽然受了一点委屈，但她相信，这些客户迟早会明白她的苦心的。

那天，她测试完钢琴，又把它十分仔细地调了一遍。心中充满了怨气的客户不太乐意地坐到钢琴前，一弹，脸上顿时露出羞愧的神色。听着那纯正的琴声，他终于明白了眼前这个被她看不起的、被骂作“骗子”的人，才是个真正的高手，一个值得尊敬的人。

她从不因旁人的夸赞而扬扬得意，也不因别人的谴责和误解而心生怒气。她的心中，始终有着一个衡量、评判自己的标准。她也相信，就算现在还有很多人不相信她，不愿意接受一个盲人为他们调琴，但他们迟早有一天会相信她、接受她的。

果然，许多年后，她的好名声在城市中渐渐散开，人们纷纷打来电话请她帮他们去调琴。业务多了，她开了一家调琴公司，公司里的职员都是跟她一样，是一些因为看不见而选择了调琴的盲人。

一个记者采访她：“现在你有了自己的家庭，生活也稳定了，还有了自己的公司，为什么还要每天出去调琴呢？”

她微微一笑说：“我从来不赚员工的钱。我开公司不是为了剥削他们，而是为了帮助他们。公司只是一个平台，他们每个人得靠自己的双手从客户那里获取报酬。我也一样，我只是一个组织者。如果不出去调琴，我就没有收入了。”

她对生活充满了热爱，调琴只是她生活的一部分，除了调琴，她的生活可以说是多姿多彩：练跆拳道、滑旱冰、开卡丁车、游泳。她还成了第一个会骑独轮车的盲人。

当她买了一辆独轮车，在林荫道练习时，旁人欺负她看不见，对她阵阵嘲讽：

“真是自不量力，看不见还骑独轮车！”

“你瞧，她骑独轮车的姿势多可笑啊！”

“真是太笨了，就跟一只狗熊差不多。”

对此，她并不理会，别人说别人的，她自己骑自己的，她不想因为别人的嘲讽而放弃自己。

命运对她来讲，是很不公的。它剥夺了她看到光明的权利，继而又让她失去了父母的疼爱。姥姥去世后，她好不容易凭借自己的努力拥有了爱人，拥有了事业，却又不幸地患上了重病。

可不管生活多么为难她，她都没有放弃。

她说，不管人生的道路有多坎坷，有多艰辛，其实打败厄运的方法只有一个，那就是坚持微笑。因为微笑代表着对于厄运的鄙视，代表着自己永不放弃的决心，当你用微笑武装了自己，哪怕是行走在黑暗之中，动人的旋律也会指引着你一路向前，寻找属于你的幸福和成功。

勇敢而真诚地淋雨一直走

人生总会遇到雨季。
当雨季到来时，请不要哭泣，因为雨季过了，
又会遇见阳光。

英国是个多雨的国度，天空总是一片阴沉，有时连续数十日都见不到太阳。连绵小雨纷纷扬扬，湿透了土地，湿透了屋顶，湿透了衣衫，连人们的心也被打潮了，闷闷的，好像要发霉。这样的日子十分难打发。我们的生活，有时也会遭遇这样的雨季。

露西的雨季开始于失恋。因为失恋，她独自一人在小酒吧喝得酩酊大醉。深夜，她摇摇晃晃地走上街头，一阵急刹车声在她耳畔响起……她醒来时，已经躺在了医院的白床单上，下巴上绑着绷带。

一个年轻医生告诉她，他没有别的办法，为了保住她的性命，只好给她截肢了。

听到这个消息，她又晕了过去。等她再次醒来时，她的意识清醒了一点，白发苍苍的父母守在她的身边垂泪。她睁开眼，呆呆地望着天花板，脑子一片空白。

半个月后，她回家了，装着假肢。年老的父亲背着她上楼，累得气喘吁吁。她说：“爸爸，你把我从楼上扔下去吧，我活够了。”

“露西，你这个疯孩子！你的两个姐姐都不在我们身边，我们就只有你一个孩子了……”她妈妈一边说，一边又难过地哭起来。

露西不忍心再让父母伤心，只好乖乖地躺在床上。可是，她的心灰暗极了，她要求妈妈把窗帘拉上，因为她不愿意见到阳光，不愿意看见街上那些快乐幸福的人们。她几乎怀着“不得不”的心情，吃着妈妈精心准备的糕点，吃着吃着，就会停下来，流一阵眼泪。

要知道，露西从小是个淘气的孩子，以前她总是不肯乖乖地吃糕点，喜欢把饼干扔得高高的，然后再跳起来用嘴接住它。每当她这样做的时候，她的伊丽莎白——一只雪白而美丽的小狗，会屁颠屁颠地跑到她跟前，跳得老高，跟她一同抢食物。不过，伊丽莎白总是失望，因为它的主人太敏捷了，跳起来吃饼干时从来不会落空。

可是，现在的露西，连上厕所都需要叫妈妈帮忙。为了减少妈妈的麻烦，她尽量减少上厕所的次数。可她这样做，常常让妈妈很难过。

“难道你要把妈妈当外人吗，露西？难道你已经不像小时候那样爱妈妈了吗？”

听到这样的话，露西简直难过得要死。

每天，露西躺在床上，看妈妈系着围裙在厨房里跑来跑去，时而大声喊："露西，再等等，你爱吃的烤鱼快要做好了。"时而又小声嘀咕："哎呀，火，忘了关火了。"时而又叫起来："哦，糟糕，忘了烤箱里的面包了。"

她知道，爸爸、妈妈的确是老了。难道，她要让他们担心一辈子、照顾一辈子吗？如果不是自己任性，也不至于会搞成这样。露西很后悔，她知道一切都是自己的错，但不管怎样，自己的错总不能让年老的父母来承担，她要学会自己承担一切后果。

一天，露西忽然跟爸爸说："爸爸，您可以拉一下窗帘吗？"

爸爸从电视机前走到窗边，拉了拉窗帘："这样行吗，露西？"爸爸是个台球迷，不过，自从露西出事后，他就一直守在家里陪她，连老朋友的聚会也不去参加了。

"不是把窗帘拉拢，爸爸。把窗帘拉开吧，我想见见太阳。"

爸爸有些吃惊，但随即露出了微笑："这就对了，孩子，英国的阳光本来就很难得。"他说完，把窗帘整个拉开了，还把窗户也打开了。温暖的阳光顿时从窗外倾泻进来，像一只巨大的手，在抚摸露西的脸。她从来没有觉得被阳光抚摸竟是这么舒服。

她把自己的腿挪到床边，想要下床去走走。可是，由于她不听医生的话，回家后不愿意积极训练自己的双腿，刚想站起来就摔在了地上。

爸爸把露西扶到轮椅上。

"难道我永远站不起来了吗，爸爸？我不想一辈子坐轮椅。”露西难过地说。

爸爸叹了一口气，抹了抹眼角，大声说：“别担心，你会站起来的。要不了多久，你还可以跳舞哩！”

爸爸的话说得露西心里暖暖的。她坐在轮椅上，晒着太阳，心想：“会好的，一切都会好起来的。”

从那天开始，露西每天都要练习双腿。虽然一开始摔了不少跤，吃了不少苦，但最终，她可以行走了，不用爸爸妈妈的搀扶，也不用拐杖。尽管走得很慢，左右摇晃，但对露西来讲，这已经很不简单了，她原以为要一辈子躺在床上度过余生了。

露西原本是一家美容公司公关部的业务员，由于双腿的缘故，她不可能回到原单位上班了。可是，生活还得继续，她不能一辈子靠父母。于是，露西开始积极寻找工作，希望有朋友可以帮助到她。正好，她有一个朋友开着一家服装设计公司，她告诉露西，如果露西愿意，她们可以合作开一家网店。露西很高兴地答应了。

一家品牌专卖网店开张了，露西主要负责网站的内部管理，需要在外面跑动的工作，都由她的朋友来完成。

生活总是这样充满希望，露西心头的乌云一点点散开，阳光照进了她的生活。露西的工作干得十分起劲，她一工作起来就没完没了，好像恨不得把自己浸泡在工作中，可以忘掉一切痛苦。

几个月后，网店开始赢利，露西也有了收入。当她拿到第一笔属于自己的红利时，内心无比激动。

“生活还可以变得更好吗？”她这样想。

对于一个二十几岁的女孩来说，恋爱无疑是最重要的。学会行走和开了网店后，露西表面上装得无忧无虑，好像又找回了从前的快乐，可她的心里却一直很悲伤。为了他，她失去了美丽的双腿，虽然可以勉强行走，可再也不能跳舞了。有哪个男孩子会爱上一个装着假肢、走路一跛一跛、不会跳舞的女孩呢?

一年后，露西的朋友为了庆祝网上服装店的生意兴隆，决定在家举行一个欢庆会。那天，露西特意穿了一条美丽的天鹅绒蓝裙，这条裙子很长很长，一直拖到地上。聚会时，露西慢慢地坐在沙发上，尽量让自己少走动。

一会儿，音乐响起来，前来参加派对的男男女女纷纷踩着音乐，摇起了舞步。有好几个长相英俊的年轻人想邀露西跳舞，都被她婉言谢绝了。其实，她多么想跳舞，多么想拉起他们的手，重新找回恋爱的感觉，重新找回青春的快乐，可她再也不能了。

看着那些在舞池中跳着热舞、身姿曼妙的身影，露西有些难过。她趁别人不注意，一个人来到了屋外。一阵凉风吹过，撩起她金色的长发。露西扭过头，仰起脸，看着天空的星星，尽量不让眼泪流下来。

就在这时，她看见二楼的阳台上，站着一个相貌英俊、文质彬彬的年轻人，很眼熟，好像以前在哪儿见过，他也正在低头看她。她赶紧低下头，想装作没看见；他却朝她打了声招呼，并很快来到了她的身边。

“为什么一个漂亮的女孩不去跳舞，要一个人站在这里呢？不开心吗？”他温柔地问。

“没有不开心。我很好。”露西勉强地露出了笑容。

“你的腿好了吗？”对方突然这样发问，让露西觉得十分尴尬。难道他知道她截肢的事儿？露西羞得满脸通红，转过脸不说话。年轻人热情地邀请露西，两个人走入舞池，直到舞会结束的时候露西才诧异地知道这个人就是治疗自己的医生。

似乎在某一个瞬间，阴霾已经开始悄悄撤退了，露西和年轻的医生陷入了爱河，他们彼此相许。医生深切了解露西一路走来的每一步，对于这个淋着雨却一直前行的坚强女孩，他深感佩服，更愿意为她未来的人生充当拐杖，而美好的爱情也让生活变得充满阳光，就算是在英国缠绵的雨季，他们也都觉得自己生活在温暖如春的世界。

雨季的到来让人无限烦恼，似乎等不到它停息下来的那一天。可是当你鼓起勇气去面对的那一刻，就宣示着离它结束的日子不远了。

淋雨一直走，是一种无言的抗争，当你面带微笑迎着雨滴向前，一切都将成为促使你进步的阶梯，而无论是幸福的生活还是成功的事业，都可以通过这勇气铸就的阶梯获得。

勇于蜕变才有华丽转身

一朵花没有芳香，再漂亮，也跟假花没多大区别，它不会给人留下多大的印象。人也是一样。花的芳香好比一个人的品质，一个真正美的人，是心美，是人格美；而外表，就像名字一样，不过是一个区别的标记，好不好看都没有那么重要。再说，关于美，每个人都有自己的评价标准。

有些美有形有色，是看得见的，有些美，却是看不见的。我们无法说哪一种美更胜一筹，但只要是美的，就是好的，不必去羡慕别人。

她叫佳唯，龅牙、黑皮肤、塌鼻梁、矮个子、小眼睛，这样的长相，再加上她天生不爱打扮，佳唯的外表看起来着实很不起眼。跟身边漂亮的女孩子比起来，佳唯有些自卑。从小到大，就没有一个男生追求过她。

“难道，长得丑也是一种罪吗？为什么人们总喜欢跟漂亮的人交往？”佳唯明明觉得自己很善良，对人也很热情，可别人对她总是客客气气的，那种客气，在人与人的交往中就像一道冰墙，寒气逼人，会让靠近它的心灵受伤。

书，几乎成了佳唯唯一的朋友。

其实，有书做朋友也不错。书不会以貌取人，不会因为她长得不好看就歧视她。通过书，还可以跟古人交往，跟哲人交往，跟整个世界交往。书中的思想比身边许多人的都要高明，当佳唯读到一些精辟的语句和观点时，她常常会忍不住拍案叫绝。

只可惜，书仅仅是一本书。把它放在一边，理想中的美好生活转眼都消失殆尽，眼前只有一个冷冷清清的现实世界：没有欣赏她的朋友，更没有爱慕她的恋人。

感到孤独时，佳唯就会抱一把吉他，来到小河边。这时，她的思绪就会被小河中潺潺的流水和水中可爱的游鱼吸引，美丽的吉他声就像一阵风，拂过河面、穿过树梢，叮叮咚咚地飘向远方。

这条小河边很少有人来往，倒是有许多小动物出没。佳唯和这些小动物们相处得十分愉快。除了书，它们就是她最好的朋友了。佳唯经常会把自己的午餐分给这里的流浪狗、流浪猫，还会把那些浑身是泥的、肮脏的“流浪汉”们请回家。当小动物们再次回到小河边时，已经十分漂亮了，毛色锃亮、目光炯炯，可以跟那些娇生惯养的宠物猫狗相媲美。有时候，她还会充当这些小动物的护士，见它们受伤了，就主动给它们包扎伤口。

可是，佳唯还是很空虚。小动物再通人性，也不能当伴侣啊。渐渐地，她爱上了博客。博客成了她抒发心情、发挥才华的舞台。佳唯的博客上，有她自己创作的音乐，有她在小河边为小狗小猫们画的像，还有许许多多她写的故事，有些是充满了天真烂漫的童话，有些是对美好生活的期待，有些是关于她自己的故事。

渐渐地，佳唯博客上的粉丝越来越多，其中有一个叫木鱼的陌生网友几乎天天都要访问佳唯的博客。他会把自己觉得精彩的句子摘出来，放在留言板中仔细点评。每次看完木鱼的留言，佳唯就会感到欣喜不已。想不到，网络这个虚拟世界中，还会存在一个欣赏她、真正能读懂她的人呢。

通过博客上互相留言的交流，佳唯和木鱼越来越熟悉，渐渐成了网上好友。后来，网络上的交流已经无法满足两人交流的愿望，他们又开始互通电话。第一次通话时，当手机里传来一个富有磁性的男人的声音时，佳唯的心怦怦地跳个不停。她感觉他就在她的身边，正在对她耳语。

从来没有一个男人离她这么近，从来没有一个男人对她表示过好感。他们一见到她的长相，就会后退三分，心中就断绝了跟她交往的念头。而如今，这个人一次又一次在电话那头称赞她，赞美她的才华，赞美她的细腻与善良，还赞美她的声音很温柔……这些话就像电流一样，让佳唯每次听到它们就想哭。

佳唯感觉到自己已经在恋爱了，同时她也感觉到对方似乎也爱上了自己。

“就这样，就这样一直爱下去，永远不要见面该多好！”当佳唯感到两个人之间的爱火越来越炽烈时，她害怕了。她知道再这样下去，他总有一天会要求见面，两个人见面的日子，估计也就是两个人分手的日子了。

为了不失去他，佳唯努力压制住自己的思念。好多次，木鱼来电话她也不接，木鱼留言她也不回。她不敢对他太热情，又不敢对他太冷淡。要维持这种不冷不淡、若即若离的恋人关系，真是难透了。

那一阵子，佳唯常常独自哀叹。从前，别人越是不喜欢她，她就越积极主动，哪怕明知会受伤，她也要努力尝试一把。可如今，对方明明很欣赏自己，自己却退缩了。

“这不是你自己，佳唯！为什么要这么害怕？”她一次次鼓励自己回到从前平静的心态中，她想把注意力转移到书上，转移到小河边，但她始终无法摆脱这种焦躁烦闷的情绪。

终于有一天，木鱼提出了见面的要求。尽管佳唯已经为这一天做了许多天的准备，但她始终没有想到一个推托的理由，因为延缓见面时间只会给自己增添更多的苦恼，而如果直接拒绝见面她又怕会失去他。就在她犹豫不决时，电话那头说他手机没电了，匆匆说了个约会的时间和地点后就挂断了电话。

佳唯给对方留言，编了一条自以为还不错的不能赴约的借口，可等了一晚上对方也没有回复。第二天早晨打了一上午电话，木鱼的手机仍是关机。约会时间快要到了，佳唯很着急。

“总不能让他一个人在那里等着吧？”佳唯思前想后，最终还是决定去赴约。

下午 3 点，当佳唯战战兢兢，怀着又激动又害怕的心情来到约会地点时，木鱼早在那边等了。他见到佳唯时，并没有像她预想的那样冷下脸来，而是十分热情地拉起了她的手。倒是佳唯紧张得一直看着地面，不敢抬头看他。

他用手轻轻地托起了佳唯的下巴，在她脸上轻轻地吻了一下。

佳唯就像触电了一般愣在了那里。她哭了，哭得浑身颤抖。他轻轻地把她揽进怀里。这对以前从未见面的情侣，看起来倒像是一对已婚多年的夫妻了。

佳唯的心情渐渐平静了，她问木鱼："你为什么会喜欢我？"

木鱼说："因为你有许多的优点。从你的博文、音乐、绘画，还有你说的话，都可以看出你是个温柔、善良、独立，又很有才华的女孩。你就是我的梦中女孩。"

佳唯觉得木鱼说得有些言不由衷，反驳道："至少她还得是个漂亮的女孩吧？"

"漂亮的女孩？你说怎样的女孩才漂亮？"木鱼反问道。

"就是那种皮肤白白的，鼻梁高高的，眼睛大大的……"佳唯说到这里，木鱼扑哧一声笑了出来："哦，只要跟你相反的就是漂亮，是吧？你干吗这么跟自己过不去呢？如果漂亮就是这样定义的，我何必联系你呢？站在大街上随便瞅一个就可以了。难道，你找男友就是以长相做衡量标准的吗？"

佳唯赶紧摇摇头："当然不是！如果他心地不善良，没有责任心，又不能欣赏我、理解我，长得再帅有什么用呢？"

"既然你自己是这么想的，为什么非得觉得别人就那么肤浅呢？难道，你一直觉得我是一个很肤浅的人？"木鱼微笑着说。

佳唯也笑了。

一只蝴蝶之所以美得让人赞叹，并非上天赐予，而是靠它自己的努力蜕变，一切都源于它勇于破茧那一刻的决心。而作为一个拥有者上天赐予最好礼物的人，这一生更需要无数次的蜕变来激活这些天赋。

从这一刻开始蜕变，才能有下一刻的华丽转身。愿你有高跟鞋，也有跑鞋；愿你喝酒，也喝茶；愿你的对手都是高手，愿你的朋友都很勇敢；愿你对过去的一切都情深义重，但是从不回头。

愿你特别勇敢，特别美丽，特别平静，特别凶狠，也特别温柔。

不苛责命运，其实一切都是恰好

“祸兮福之所倚，福兮祸之所伏。”我们无法把握命运，却可以在不幸时学会乐观地去面对。天生我材必有用，不必着急，耐心等待，积极争取，该得到的你终会得到。

在生命之初，上帝给了每个人一条褡裢，褡裢的一个口袋装着优点与幸运，另一个口袋装着缺点与不幸。

悲观者整天只盯着自己的缺点和不幸，他们总是埋怨上帝不公平，给了他们太多的苦难。殊不知，其实，上帝是公平的，他给每个人的，不多也不少。

有一个爱好文学的人叫顾白，毕业后和男友到北京闯荡，一开始没有找到满意的工作，天天忙得天昏地暗，却还要遭到老板的斥责，收入又十分微薄。顾白和男友住在一间租来的小房子里，每天省吃俭用，收入却仅够支付房租和最起码的日常开销。不久，顾白所在的企业破产了，她不幸失业在家，原本就困难的生活更是雪上加霜。

顾白是个内向的女孩，虽然很善良、踏实，干工作也很认真，但和她专业对口的工作并不多，加上她又不太会说话，见了陌生人就发怵，要找到一个理想的工作对她来讲很难。

顾白也知道找工作没必要这么紧张，可一到面试现场，一见到面试官她就脸红心跳，说话也变得语无伦次、结结巴巴。那样的面试自然很糟糕。很快，半个月过去了，顾白顶着烈日跑了不少公司，面试完回到家，她就整天守着手机和邮箱，等待着有人通知她去上班的好消息。结果却是时间一天天过去，徒留她一个人对着手机和邮箱发呆、哀叹。

失业的头一个月，顾白焦虑得夜夜失眠，人也憔悴了许多。一日，几个心疼她的好友把她约出来，鼓励她："你为什么非要挑战自己不擅长的呢？既然那么多次面试都失败了，又没有专业对口的工作，为什么不做些别的呢？你不是喜欢写东西吗？没准这是一个路子呢。"

顾白原本就爱好文学，看了不少书，文字功底也不错。起初，她对自己并没有信心，但后来一想，与其闲着干着急，还不如静下心来写点东西，说不准还能成呢。这么一想，顾白就渐渐静下了心，抱着试试看的心态动起了笔。

动荡不定的北漂生活让顾白对人生有了更深切的体会与理解。从毕业到现在，一幕幕情景浮现在她的脑海中，她以自己为原型，结合自己的所思所想，生活中的一点一滴，用文字缀连成一个披着华美外衣的世界，又用思想把这些外衣解开，露出赤裸裸的生活面目。

不知不觉三个月过去了。这三个月，顾白每天不到五点就起床，先花两个小时在网上投简历，然后就一心扑在写作中，在电脑前一坐就坐到深夜两三点钟。

面试和写作，成了顾白那三个月全部生活的缩影。这三个月对顾白来说，是无望的三个月，因为她天天盼着面试的机会，天天盼着被录用的通知，可一天又一天，她的愿望都落空了；这三个月，又是极端艰苦的三个月，因为收入少，自己又没有工作，顾白整天连饭都舍不得吃，实在饿得忍不住了，她才咬一口饼干充饥。夏日炎炎，她在几平方米的小房间里忍受着高温，还要与满屋子乱跑的蟑螂做斗争。

三个月后，顾白的小说写成了。她一边找工作，一边在网上四处投稿。很快，又是一个月过去了，无论是投出去的简历还是投出去的稿件，都杳无音讯。顾白的心灰暗到了极点，她对生活的最后一点信心也差点要熄灭了。

就在这个时候，一个陌生的电话打了过来。

“喂，您好，请问是顾白女士吗？我是出版社的编辑……”

那个编辑说，他看了顾白的作品，觉得很满意，希望能跟她谈一谈接下来的合作事宜。顾白激动得闪出了泪花。原来，生活并非没有一线生机，当你以为生活已经没有一线希望的时候，上天也许会突然馈赠给你一个巨大的礼物。

人的命运有时候就是这样，什么时候会失去什么，什么时候又会突然得到什么，谁能料定呢？

莎士比亚年轻时曾得罪了当地一个大财主，为避免遭受报复，他逃亡到了伦敦。对一个人来讲，被迫携妻带子离开故乡是不幸的；可对莎士比亚而言，逃亡却给他带来了人生的转机。当时，戏剧正像一把大火烧遍了整个伦敦，莎士比亚有幸与戏剧结缘，他的才华也由此找到了用武之地，像一朵毫无约束的花朵，尽情舒张花瓣、灿烂绽放。

凡·高在一次精神病发作时痛苦地割掉了自己的耳朵，可他精神上的痛苦，何尝不是由于他对生活的极端热爱。凡·高曾在谈到他的创作时说：“为了它，我拿自己的生命去冒险；由于它，我的理智有一半崩溃了。不过这都没关系……”

凡·高的生命因为艺术而过早地熄灭了，但他那极端渴求自由、对生活近乎疯狂的热忱与爱的精神，却永远地留在了那燃烧的《向日葵》中，那旋转的《星空》中，它们化成了永恒的星星，化成了永恒的生命符号。

陀思妥耶夫斯基是19世纪俄国文坛上的一颗巨星，一部《罪与罚》，让他赢得了世界性的声誉；而《卡拉马佐夫兄弟》则被誉为文学史上最伟大的一部小说。曾有人这样评价陀思妥耶夫斯基与他的作品：“陀思妥耶夫斯基一生执着于研讨人与上帝的关系，经常摆荡于天堂与地狱之间，穿梭于神性与魔性的两极，直到他年届六十，终于写下《卡拉马佐夫兄弟》，在人类精神领域中，树立了一座高峰。”

陀思妥耶夫斯基醉心于病态的心理描写，读者在阅读《罪与罚》等作品时，经常被不知不觉带入一种反复无常、矛盾重重、纷繁复杂、几乎昏迷与疯狂的精神世界中，他是心理叙事的先驱和导师，对福克纳、加缪、卡夫卡、黑泽明、弗洛伊德等人产生了深远的影响。当人们站在远处仰望他的成就时，有几个人知道这位伟大的作家，竟然是一位癫痫病病人？从9岁开始，这种痛苦的病症就一直折磨着他，伴随了他的一生。癫痫病的折磨让他备受身体和精神上的痛苦，但也让他有机会对这种病态的生活有了深刻的体会。陀思妥耶夫斯基正是从一个病人的角度，看到了一个病态的、正好与癫痫病有着某种契合的时代特征，于是才写出了这么伟大的作品。

没有人拥有完全的幸福，也没有人永远不幸。面对生活中的种种不幸，我们要做的，不过是顺从与接受罢了。不属于你的，你怎么抓也抓不住；属于你的，它自会降临在你的头顶。每个人都有自己的命运，失去还是获得，命运自有评判。上帝给每个人的，总是不多也不少。

或许不完美，但你独一无二如天使

爱情不可能一帆风顺，天使的爱也会有缺憾。在爱的路途中，我们会错过、会受伤、会失望……但即便这样，也不要失去爱的信心。

这个世界上，也许原本就不存在十全十美的东西。有些人拥有了美貌，却没有智慧；有些人拥有了智慧，却没有美貌；有些人美貌和智慧双全，却事业不顺；有些人什么都有，就是得不到完美的爱情。

20 世纪，曾经有过这么一个风靡世界的美人——人们把她看作纯美的象征，把她看作优雅、高贵的化身，把她视为上天派来人间的美和慈善的天使。当她去世时，千万迷恋她的人都为之痛哭流涕。伊丽莎白·泰勒曾悲伤地说："天使归天国去了。"这个人，就是奥黛丽·赫本。

奥黛丽·赫本出身高贵，她的母亲是一个荷兰贵族后裔，她的父亲是一个十分有钱的银行家。6 岁之前，赫本过着富足而无拘无束的生活；可是，6 岁之后，父亲离家出走，大战爆发，让她饱受生离和战乱之苦。

那是一个被炮火、饥饿和疾病统治的年代。为了逃难，赫本跟着母亲东奔西走，颠沛流离。虽然生活动荡不安，甚至朝不保夕，但她对生活的热爱却没有因此泯灭。小小年纪的赫本就对芭蕾舞产生了独特的兴趣。很多人说，赫本的优雅和高贵，一部分来自她的血统，一部分来自芭蕾，还有一部分来自那个特殊的年代。

也许，这些话说得没错。赫本不单是一只高贵优雅的白天鹅，还是一只经历了炮火、贫穷洗礼的白天鹅。

赫本十几岁时，已经成长为一名亭亭玉立的少女。几年后，她辗转抵达美国好莱坞，超凡脱俗的气质和天使一样的面庞立刻引来了无数人的关注和追捧。一时间，赫本以一个时代“玉女掌门人”的形象，在好莱坞迅速崛起，凭借一部《罗马假日》，几乎成了所有人心目中美丽公主的化身，成了好莱坞一颗最迷人、最耀眼的新星。

但对一个女人来说，事业当然不是生命的全部。尽管一开始，她的母亲就曾劝过她，爱情和事业往往无法两全，但赫本还是抱着鱼和熊掌可以兼得的天真想法，开始了她的初恋。

那时，奥黛丽 · 赫本才 21 岁，她的事业刚刚起步。她的恋人是英国企业家詹姆斯 · 汉斯。两人在一起情投意合，相处得非常融洽，已经到了谈婚论嫁的阶段。汉斯为人可靠，观念却比较保守，他认为，妻子就应该在家里好好相夫教子，把全部心思都投入到家庭中。这让赫本左右为难，因为这时，她的事业正处在飞升阶段，她不想为了结婚就放弃来之不易的担任百老汇舞台剧女主角的机会。

为了事业和爱情两不误，赫本做了种种努力，尽量均衡工作和恋爱的时间。

可是，一部《罗马假日》的上映，在全球掀起了热潮。赫本由此一举成名，生活发生了翻天覆地的变化，工作变得繁忙，各种应酬也让她应接不暇。这时，她才意识到，原来鱼和熊掌兼得只是一个不切实际的想法。她不可能一边忙事业，一边又将自己打造成为汉斯心目中理想的妻子。

在母亲的督促下，赫本忍痛割爱，选择了自己的前程。这段青涩的初恋也就无疾而终。

然而，上帝在关闭一扇门的时候，又开启了另一扇窗。就在赫本失恋的时候，一个35岁的中年男子走进了她的生命。这个人，就是好莱坞演员兼剧作家梅尔·费勒。赫本是在《罗马假日》伦敦首映式上跟费勒结识的。费勒的成熟魅力一下子俘获了赫本的芳心，两人之间很快擦出了爱的火花。认识一年后，这对恋人终于如愿以偿结为了夫妻，并有了爱的结晶——儿子肖恩。

幸福美满的日子总是那么难得，又总是这么短暂。如果时间可以停留，幸福可以永驻，该多好。可惜，时光的流逝谁也挡不住。

几年后，赫本的事业一帆风顺，如日中天；而费勒的事业却依然不温不火，仅有的几部优秀影片也是托了妻子的福才得以成名。事业上越来越大的差距让费勒抬不起头来，他变得越来越沉闷。面对光芒万丈的妻子，他对她不是更爱，而是越来越冷淡，甚至开始频频出轨。

赫本多么想挽回这段即将逝去的爱情。她一发现婚姻的裂痕，就马上宣布息影，将全部精力都投入到了家庭琐事当中。可失去的爱情犹如泼出去的水，覆水难收，已经远去的爱情也没有了回转的余地。

赫本跟费勒还是不可挽回地离婚了。此后，赫本身心疲惫到了极点，一米七的个头，曾一度只有八十多斤的体重。好在赫本没有对生活悲观绝望，她重新振作起来，挣扎着向前，希望看到一缕新的阳光。

不久，一个小她 9 岁名叫安德烈·多蒂的意大利青年闯入了她的生命。他们邂逅在充满了地中海浪漫风情的希腊。这个年轻人自称从小就是赫本的影迷，相见之初，他就对赫本表现出了不一般的热情。

多蒂火一般的爱情将赫本那颗受伤的冰冷的心烘得暖融融的。热恋中的人常常是不理智的。这时的赫本也许太孤寂、太无助，她太需要一个可以依靠的肩膀。于是，不顾母亲的奉劝和反对，赫本毅然跟多蒂踏进了意大利的教堂。

可是，一个不羁的浪子注定不会为爱坚守。当奥黛丽·赫本不惜放弃纷至沓来的片约为多蒂全面息影时，他却在外面拈花惹草，享尽了风流。多蒂无所顾忌地出入脱衣舞歌厅，与众多香艳女子胡混的新闻常常成为报纸头条。

赫本有着常人不能比的隐忍和耐心，面对那些桃色新闻，她装作视而不见，尽量把心思全部放在照看孩子上，希望自己的宽容能让多蒂回头。然而，多蒂毫不为之所动，依然我行我素。他的不忠就像一条鞭子，一声一声，响亮地鞭挞着她的心，让她那颗伤痕累累的心充满了刺痛。

这样的爱情，早晚会走到尽头。最后，这段原本就草率结合的婚姻，在一声沉重的叹息中走到了末日。

没有人说天使的爱情就会完美无缺，天使也会在爱中受到伤害。可相信爱情的天使，最终会获得生命中的幸福。

1980年，当罗伯特·沃尔德斯出现在赫本面前时，两个灵魂终于融合在了一起。在生命最后的数十年，赫本淡出影坛，远离尘嚣，与自己心爱之人住在她的“和平之宅”内，在蓝天白云下共同分享恬静的田园风光，共同从事着奉献爱的慈善事业，相伴到老。

在世人的眼里，赫本已经完美如天使了。可是即便如此，她也深知生活的残忍，而她最可贵之处便是保存了对生活的本真之心，用一个独一无二的自己来阐释属于自己的勇者之心。

从此刻起，让每一个不完美的自己变得独一无二，因为这就是你独一无二的生活。将过去深埋在心底，将现在摆在心口，去努力，去接受，去奋斗，去寻找梦想和目标，去开始新的旅途。

只有当你变成了独一无二的自己，勇敢去面对属于你的独特生活，你才能够遇见新的风景，邂逅新的际遇，去做自己真正该做的事。到那一刻，你会发现正是因为这个世界的不完美，才让它变得丰富起来，恰如你的不完美，让你变成了独特的自己。

将缺憾看淡，勇敢地孕育美好

有人说，人生最大的奢侈是拥有一颗不老的童心，生生不息的新年和一个自由的心态。我们都向往拥有一份安稳睡眠，成为一个能享受美好生活心清的人，可是再幸福的人生也会有缺憾，你也不得不承认。生活不完美，我们就追求完美；生活很完美时，我们要懂得珍惜和保持；不幸失去完美的生活时，也要用一颗平常心去对待，相信它还会好起来。这样，生活即便有缺，也会无憾了。

红花需要绿叶衬托，明月需要众星相拱。人人都渴求完美，我们却总是忘记设想：如果人生没有不完美，又将怎样？

传说，直布罗陀海峡西侧曾有过一片巨大的陆地，名叫大西洲。大西洲上，有一个神秘帝国，亚特兰蒂斯。它是世人心目中的理想国，繁荣、富裕、和平、美丽，有着极高的文明。甚至有人说，亚特兰蒂斯人创造的文明远远超过了现代人类的文明程度。

亚特兰蒂斯人拥有大量的财富，他们的建筑物镶满了黄金、白金、黄铜和象牙饰品，一片金碧辉煌。他们的城市水路交通十分发达，公共建设十分齐全，雄伟壮观的神殿、寺庙、剧场、竞技场、公共浴池、带翅膀的雕塑等鳞次栉比且极富韵味。

亚特兰蒂斯人几乎拥有一切：美貌和智慧，财富与自由，他们什么都不缺。他们不需要学习，因为有一种高科技的芯片，可以把哲学、科技和艺术方面的知识统统植入人脑，随便一个亚特兰蒂斯少年的智慧都要比现代人类的高等学者高出许多。

帝国居民生活得无比悠闲，他们不需要劳动，一切都可以交给聪明而忠实的机器人去办。作为世界的主人，亚特兰蒂斯人只需要尽情享受生活即可。

他们整日沉浸在歌舞音乐的欢乐中，偶尔也乘坐飞碟在宇宙中翱翔观光。他们利用六面体磁石吸收宇宙能，拥有取之不尽、用之不竭的能源。他们还利用基因工程创造出美人鱼，发明让人返老还童的技术……

总而言之，这个世界完美无缺，神话传说中的天堂也不过如此。

然而，太过完美的世界却让亚特兰蒂斯人变得日渐穷奢极欲、腐化堕落、不思上进、庸俗无能——因为，他们似乎也的确没有上进的必要了。

华丽掩盖下的庞大帝国开始腐朽没落，圣洁的灵魂开始被邪恶的魔虫所蛀蚀，帝国的末日也越来越近。一场史无前例的特大地震和洪水，一场激烈的战争，一场肆虐的疾病，三者交织在一起，一同摧毁了这个不可一世的帝国。

一切繁荣和美丽，一切文明和骄傲，瞬间土崩瓦解，渐渐沉入海底。唯有关于它的神秘传说，还在一代一代流传，留下了多少遗憾与伤感。逝者如斯，而一个人的命运，与一个帝国的命运，又何其相似？

她和他相恋多年后裸婚。一天，她靠在他肩上，痴痴地幻想着："唉，要是我们有好多好多钱就好了。"

他说："为什么？"

她说："如果我们有好多好多钱，我们就不用这么努力工作了。房子是现成的，车也是现成的，我们还可以去巴厘岛度蜜月，多浪漫啊。现在我们却要跟别人一起挤在一套小屋子里度过新婚生活，整天要为各种琐事奔波，都没有一点浪漫可言。"

他说："好，那假设我们很富有，你打算怎么度过我们的新婚生活呢？"

她俏皮地说："去巴厘岛度蜜月啊，然后我回家，给你当家庭主妇。"

他说："可是我要上班啊。你一个人在家不会孤单吗？"

她说："不会孤单，我有很多事情要做呢，比如研究美食，教育孩子，闲了自己在家里弹琴、画画，多有意思啊！"

她还说："如果足够有钱，你也不必上班了，咱们一起去旅游，走遍全世界，这就完美了。"

他说："好。我们虽然不富有，但我们可以努力。也许要不了几年，你的愿望就可以实现了。"

几年后，他开了一家公司，赚了很多钱。她终于如愿以偿辞掉了工作，当起了家庭主妇。

他为了弥补新婚时的缺憾，特意带她去了一趟巴厘岛。巴厘岛的蜜月过得很开心。度完蜜月回家，他继续忙公司的事儿，她则一个人待在家里，如她幻想了千百次的那样，亲手制作各种美食，把大房子布置得漂漂亮亮，把他们的孩子打扮成一个漂亮的小公主，亲自教她弹琴、画画。

时间一天一天过去，她当家庭主妇的热情渐渐消退，逐渐厌倦了整天购物、做饭、看孩子的生活。她总觉得心中好像少了点什么。也许，是感到孤单了吧。于是，她开始参加各种主妇聚会与沙龙，与别的主妇一起探讨育儿经验，还交了几个新朋友。

这样的生活着实新鲜了几天，可没过多久，她又不满足了。同时，她发现其他主妇也跟她一样，每天的时间多得不知道该怎么打发，常常因为时间太多而无聊。

几年前，当她还是个穷丫头时，要攒一个月零花钱才够在高级商场买一件漂亮衣服。那时，她每天都盼着攒够钱的那一天，心中充满期待。好不容易盼到了这一天，迫不及待拉着男友去商场，一直逛啊逛，逛到很晚，最后才从琳琅满目的衣服中挑出自己最喜欢的又不是特别昂贵的那一件，开开心心地结完账提在手里。回到家，在镜子前比来比去，心中的快乐真是无与伦比。

当时，她总在心里想：“要是我有很多钱，随时想买什么就能买什么，该多好啊！”

如今，她的愿望实现了。可每次逛商场时，心中的感觉却变得十分麻木：没有购物前的期盼，没有刷卡时的心疼，也没有拿到手之后的兴奋与喜悦。她的衣柜里堆满了各式各样的衣服，很多都是她从未穿过的，但她早已忘记它们的存在了。

她又想起过去住在小房子里时的生活；想起他为了拼事业彻夜通宵工作，经常熬出熊猫眼的日子；想起她凌晨三四点起来为他做点心还觉得很幸福的日子；想起她无数个下班后，一回家就拿起一堆跳线或破了口的袜子、裤子缝缝补补的日子；想起她和他每天只敢吃半个苹果的日子；想起两个人时不时把存折翻出来看看，看着里面的钱一点一点变多时就乐得呵呵傻笑，傻笑完仰在沙发上做无边无际的憧憬与幻想的情景……

想着想着，她突然笑了起来。这些过去认为的“苦”，现在回忆起来却极有意思。

原来，人生需要缺憾。因为缺，我们才会想办法去补。在这个缺和补之间，会发生太多有趣的、辛酸的、快乐的，值得人回味一生的故事。正是这些故事，陪伴着我们度过了那些也许艰辛却充满了美好与感动的岁月。

而满足，却会让人停滞不前，失去上进的动力，失去生活的目标，日渐变得慵懒、懈怠、无聊、不快乐。

也许，人生就像夜空中的明月，有着盈亏的轮回。一弯新月又弯又细，渐渐丰盈起来，逐渐变成满月，又渐渐亏损，直至消失不见。待过了一日，新月便又出现……月亮正因为有圆有缺，所以才更多情，更浪漫；人生也因为有着许多不完美，所以才在不懈追求中生出了许多感动与幸福。

活给自己看，就容易快乐

自得其乐是一种境界，也是一种人生的智慧。只要不做伤害他人的事儿，人生便没有对错、好坏之分。一个人是否成功，是否快乐，只有他自己的内心知道。走自己的路，让别人说去吧。

风过落叶起，风止浮尘落。无论是落叶，是浮尘，还是我们的人生，起起落落都没有什么。起有起的乐处，止有止的乐处，乐中有苦，苦中亦可以寻乐，只要能自得其乐，便是快乐的人生，圆满的人生。

天伟天生是个乐天派。毕业前夕，别的同学都在忙着考研、找工作，为将来的打算忙得焦头烂额，唯独他依然无忧无虑，怡然自得。

别人问他："你是找到好工作了？"他摇摇头。别人又问："家里给你安排好了？"他还是摇摇头。别人说："你别这样吊儿郎当的，到时候睡大街、饿肚子就来不及了。"他只微微一笑，答道：“难为你们比我还着急。但真的不必这么紧张，我有手有脚，大不了找不到工作去干苦力，总不至于饿死的。”

毕业后，天伟找了个不上不下的工作，收入并不是很高。可他却悠闲自在惯了，从来不为攒钱的事儿发愁，过得十分逍遥：一个人租了一套一居室的房子，在阳台上养满了吊兰、茉莉、文竹等花草。他还特意买了一把摇椅放在阳台上，到了周末就躺在上面，一边摇，一边悠闲地看书。

受邀去参观天伟的家时，有些朋友忍不住替他着急。

“天伟，你一个人住这么大的房间太浪费了。不如租个小的，把房租省下来将来买房。”

“天伟，你怎么租房子住还自己买那么多家具呢？搬家多麻烦啊！”

“天伟，听说你一个人在家还经常喝点小酒、做点烤肉，这也太小资了吧？”

“天伟，你时间这么充裕，怎么不趁周末做点兼职啊？”

天伟笑笑，说：“嗨，我觉得这挺好的。”

在别人眼中，天伟固执，不听劝，不会精打细算地生活。可仔细一想，人生百样，什么样的人生才是对的，什么样的人生又是错的呢？对每个人来讲，其实生活并无对错，只要自己过得开心就好。

另有一位朋友，是个女孩，叫靓颖，她的个性跟天伟有着异曲同工之妙。靓颖是个十分独立的女孩，眼看就要到而立之年了，身边依然没有男友。她的朋友和家人纷纷催她：“你就不要再挑了，找个差不多的就行了。”

靓颖可不太爱听这样的话，她说："我为什么非得找一个不喜欢的人结婚呢？我一点都不愁自己嫁不出去。再说，就算嫁不出去，我也照样可以过得挺好。"

靓颖不是那种吃不到葡萄就说葡萄酸的人，身边有没有男朋友，她真的无所谓。有一个，当然更好；但如果没有遇上合适的，她绝不凑合。她的生活精致而讲究，没有男朋友，她每天照样有约会，吃饭有饭友，跳舞有舞友，旅游有"驴友"……因为一个人，她无拘无束，不用跟谁吵架，也不用整天守着谁，一有时间就徒步沙漠，环游世界。

跟靓颖比起来，那些整天为她担心的人，生活得反而远没有靓颖潇洒、快乐。她们不过是多了一个男友而已。对一个女孩子来讲，男友真的就是生活中的全部吗？未必是。

有些人常常用自己的眼光去衡量别人，看到别人不如自己的地方就顿生同情之心。殊不知，自得其乐之人，不存在什么幸与不幸。你眼中的幸福，在他看来未必就很值得羡慕；你眼中的不幸，在他看来也许完全不值一提。

曾经有人惹出过这样一个笑话。他是一个老师，他班上有一个背驼得很厉害的矮个子穷学生。他看这个学生平时很少说话，也很少跟其他同学交流，总是埋头苦读，以为他是自卑所致，于是想要帮帮他。

一日，这位善良的老师提出想请这位学生吃饭，学生很高兴地答应了。

吃饭时，老师特意让学生点菜，结果学生只点了两个素菜。老师怕学生客气，又点了很多大鱼大肉，摆了一桌。吃饭时，学生却光吃素菜。他以为学生还在客气，就主动往学生碗里夹了很多肉，一边吃饭，一边对他问东问西，表现得十分关心。学生推辞不过，见肉到了碗里，只好把它吃了，但对老师的问话却是一句不答。

饭毕，这位老师十分沮丧，他叹息了一声，自言自语地说：“孩子，你对老师别这么见外。我是真心实意想跟你交朋友。你想吃就吃，想说就说，有什么困难，都告诉我，老师会帮你的。”

学生听了吃惊地说：“老师，我没什么困难。”

老师说：“你看，不诚实吧？刚才还说不爱吃肉呢，结果还不是都吃了？你就说吧，别把老师当外人。”

学生见老师说得很真诚，果然就大胆地说出了自己真实的想法：“老师，那我就实话实说了，有什么得罪的地方还请原谅。我刚才一直没有跟您说话，是因为孔子说过‘食不言，寝不语’的话。从小我都就不习惯边吃饭边说话，还请老师原谅。至于您点的肉，我也不是不敢吃，或舍不得吃，而是实在不太爱吃肉。可您把肉放到了我的碗里，我再不吃就是浪费了，所以只好把它吃掉。其实，很多信佛的高僧终生吃素都可以长命百岁呢，素菜又健康又营养，我觉得能光吃素菜也挺好的，不见得必须吃肉。”

听了学生的话，老师不好意思地笑笑，接着又问：“那你平时为什么总是一个人埋头苦读？你的成绩已经很好了，用不着这么辛苦。而且，班里的同学也没有排挤你的意思，你应该多跟他们交往才是啊。”

学生微笑着说：“老师，我喜欢看书，所以并不觉得学习辛苦。我看书也并非是为了应付考试，只是想多学习知识，而且学习本身就是一种乐趣。至于我为什么不跟其他同学玩，并不是我不喜欢他们，或他们不喜欢我，也不是我不爱交朋友，只是他们喜欢打球、下棋，我喜欢看书、写字，志不同道不合，玩不到一块儿。但我在书中，却可以交到很多真正的朋友。虽然我跟书中的朋友无法用语言交流，但我们可以神交啊！与书为友，真的是很大的乐趣呢！”

学生说完这番话，老师顿时哑口无言。他没想到，自己完全低估了眼前这位学生，他实在是多虑了。

周国平曾经说过，那些自得其乐的人是不需要你去唤醒的，因为他们本来就很开心，就算是遭遇到生老病死，他们也可以找到一套自己的理论来接受，而所谓的宗教只是替他们撕开了繁华的表象而已，这样做完全没有必要。我们都深深地误解了这个世界，当一个人就算身处最单调的环境中，也可以拥有富足的心灵，仍然可以勇敢地面对这一切，仍然可以自得其乐，就足以证明他们的心灵足够高贵，就算遭遇再悲惨的事他也可以做到自强不息。

一切外力无法夺走的财富，都在于你的内心，而这份勇气与孤傲，是你安身立命之所。当你终于明白这一点，你就会发现——普天同庆，不如自得其乐。

感恩那些出其不意的馈赠

有一种心情，叫“痛，并快乐着”。没有风雨，就没有彩虹；不忍受孤寂与痛楚，就无法成就不一般的人生。人生本来就是一种经历，何必让种种顾虑妨碍自己的脚步。

我们从哪里来？我们是谁？我们往哪里去？

每个人受着心中神的引导，马不停蹄地向着自己的归宿奔去。这一路上，我们会遇见美，也会经历风雨与痛苦，但我们一直在行走。

生命的步伐无法停留，正如时间无法停留。在如梦如幻的时空延续中，一切困苦与荣耀都将被置于身后，一切目的地都将化为虚无。唯有我们的脚步，留在时空中，成就了唯一的你和唯一的我。

在 19 世纪群星璀璨的艺术画廊中，一幅《两个塔希提妇女》让人眼前一亮。斑驳的树荫有着梦幻般的色彩，两个年轻的女子半裸着健美的身体，眼神中透露出一种平淡和宁静。在喧嚣的城市，谁还能寻见这样一种灵魂的不羁和自由？

唯有在远离文明的地方，才有着最原始的生命和最朴素的情感。《两个塔希提妇女》就是在一个远离文明的环境中创作出来的，而它的作者，正是一生充满了神秘与传奇色彩的印象派大师——高更。

高更出生在法国一个贫困的家庭，他当过海员，参过军，23岁当上了股票经纪人，收入颇丰。那时的高更，年轻、富有，还有一个幸福的家庭，身边有漂亮的妻子和可爱的女儿做伴。

高更完全可以这样一直生活下去，家庭幸福，收入稳定，何乐而不为呢？但如果只是这样，这个世界就少了一个印象派大师，少了一个美丽动人的传说。

高更爱他的妻子和孩子，可他无法抵挡命运的召唤。一个人从哪里来，又要到哪里去，也许冥冥之中都是注定的。高更选择了相信命运的指引。35岁那年，他毅然辞去了银行的职务，专心学习绘画。几年后，为了更好、更专注地投入到绘画世界中，他索性离开了妻儿，过起了孤独的生活。

巴黎的天空，已经无法满足他的创作愿望，钢筋水泥建筑、冒着浓烟的烟囱、轰鸣作响的机器，只能带给他精神上更多的压抑与痛苦。高更十分清楚自己的理想在何处，他要远离繁荣的城市，远离人类文明，一个人去远方，去寻求那处自然与原始并存的所在。

高更曾说过：“文明使我痛苦，野蛮使我返老还童。”他乐意过野人一般的生活。

高更义无反顾地投入到原始丛林的怀抱中。那些像珍珠一样散布在蓝色大海中的岛屿，是上帝馈赠给人类的极其珍贵的礼物。在这里，大自然对人类是如此的慷慨，茂盛的植物、永远蔚蓝的天空、简朴的生活，一切山石草木、虫鱼人兽，都流露出它最本真、最淳朴的灵魂。绚丽、明快的色彩，让迷人的风景充满了野性和生命力。

还有什么能比拥有这样的美景更让人赏心悦目呢？

高更爱上了这样的地方，巴拿马岛、塔希提岛，让他流连忘返。岛上的生活有时也会困难重重，甚至充满凶险，如何避免陷入部落之争，如何向当地土著表明自己的友好与诚意，不至于被当作俘虏逮捕起来，如何在岛上获得食物、治疗疾病等，都是需要解决的问题。不过，高更好像都做到了。

他那些色彩明快、线条粗犷的塔希提画作，就像一本厚厚的故事书，款款讲述着这个传奇画家神秘而浪漫的经历。

高更和岛上的塔希提土著成了朋友，他搭乘着土著渔民的独木舟，跟他们一起出海捕捞金枪鱼；他拿着斧头上山砍木头，悠闲地晒着金色的太阳，做着木雕；他还在塔希提岛上与 14 岁的塔希提少女瓦依奈相爱了，他们温馨地生活在一起……这一切，都是那么的美好。

谁说原始的生活便是不幸？谁说原始的生活就是野蛮？充斥着钢筋水泥的大都市，哪里还能找到这样的闲适？在现代文明笼罩下生活着的人们，绝大多数都活在算计中，活在虚荣和攀比中，活在忙碌和焦虑中。他们早已经忘了生活的本意，他们早已丧失了鉴别美的能力。

几年后，高更因为一些事由回到了法国。塔希提岛上金色的日光，给高更镀上了一层原始而别样的色彩，他精力充沛，既带着尊贵与高傲的气息，又有着一种粗鲁与野蛮的个性。他的绘画，也有着与主人相似的特质，大胆、抽象、超脱自然、明快、简约。

只可惜，这些新颖、神秘与野蛮并存的绘画，却遭到了巴黎文明人的嘲弄，他们根本欣赏不了生命中这些最原始、最本真的美。画展的彻底失败、物质上零的收入、评论界的揶揄和嘲弄，让高更十分痛苦。

可是，历史不正是这样吗？那些随波逐流的、庸俗的东西，往往很容易就得到大众的认可和理解，它们也许永远也成不了经典，可它们却换得了实实在在的利益和好处。而天才，总是孤独的，因为他过于超前的精神和过于超凡脱俗的生活，总是不被人理解的。

也许，精神上的痛苦和孤寂，就是一个人成就天才伟业的代价吧。对于这一点，高更深有感触。他曾对他的女儿说："大众总想用一天甚至一分钟，去理解和学会艺术家花费数年时间学来的东西。"话语中流露出的感情，是多么无可奈何，多么孤独。

高更觉得自己的艺术才华和绘画作品，就跟塔希提岛的美景一样，它的美与众不同，而且毋庸置疑，可那些自诩文明的人竟然看不上它们。精神上的孤寂、贫病交加、丧女之痛，让高更做出了愤怒的反抗。他跑到深山里，吃下了毒果，企图自杀，但被人发现后救起。

而后，高更突然产生了强烈的创作欲。那生与死之间梦幻般的经历，让他看到了一幅画，他变得空前狂热，夜以继日地工作了整整一个月的时间，终于把梦幻中的景象搬上了画板。

一个初生的婴儿，一个摘水果的青年，一个行将就木的老妪，在原始而神秘的背景衬托下，勾勒出了生命由生到死、生生死死的循环与轮回。

绘画中，那流动的色彩究竟蕴含了什么，寄托了什么？也许，它凝结了画家全部的生命与才华；也许，它是死神捎给世人的一封神秘书信；也许，它是画家一辈子都在苦苦追求与思考的核心。

高更给这幅画取了一个名字：我们从哪里来？我们是谁？我们往哪里去？而后，高更还是遵从了命运的召唤，移居马尔萨斯群岛，在那里度过了生命中最后的岁月。

高更是幸福的，因为他找到了自己想去的地方。可我们呢？我们从哪里来？我们是谁？我们往哪里去？这是永恒的问题，也许原本就没有答案。如果真要回答，也许只好说，每个人正是从来处来，往去处去，每个人的足迹，勾勒出了他不同的生命轨迹。足迹所在之处，一路上，美丽往往与风雨同在。

生命就是这样，有得必有失。想成为独一无二的你，就必须付出不同于常人的代价。当你感谢命运馈赠的美丽时，也别抱怨遭受的不幸与痛楚，因为它们正是你之所以为你的标志。

Part 05

勇敢不寂寞，做一个孤独的散步者

生为世间人，我们无法都像佛一样看空一切，

求得永无烦恼的极乐世界，

但如果明白了“空”的道理，

至少可以勇敢地放下一些烦恼，学会淡定，

学会无为而为：烦恼如果无法了结，就不了了之；

忧愁如果无法排遣，就不遣之。

这，勇敢而平静，也是一种人生智慧。

寂寞，是一抹迷人的颜色

在宇宙之间生存的每一种生物，几乎都会感受到这浩渺世界的庞大。虽然人类是一种群居动物，但不可否认的是每个人其实都是孤独的。

孤独可怕吗？未必！

在哲学家眼中，享受孤独是我们人生中不可缺少的一个部分。黑格尔就曾说过："运伟大之思者，必行伟大之迷途，背起行囊，独自旅行，做一个孤独的散步者。"

孤独，犹如一株奇特的甘草，一开始尝，它的滋味也许是苦的；但渐渐地，你会发现这苦中却藏着一丝甜。

这甜，是那么宁静、那么芬芳，直抵你的内心，浸染你的灵魂。

贝多芬是19世纪德国最伟大的音乐家之一，他创作了《月光曲》《英雄》《暴风雨》《热情》《命运》……当一支支乐曲时而低沉婉转，时而激情昂扬，时而恬静流淌，如那变幻无常的雨洒向人间时，无数灵魂就这样被它打动了。

贝多芬十指飞舞的琴键下，所有的音符都成了活的精灵，它们在空气中跳跃，舞出生命的热情，带给人深沉的思考。几百年过去了，这些伟大的音乐依然被一代又一代的人演绎着，经久不衰。为什么贝多芬的音乐会如此打动人心？很多人把贝多芬的成就归于他的天赋和受到大师们的熏陶。不可否认，贝多芬的确有着超群的音乐天赋；可当人们称赞他是音乐神童的时候，不要忘了他被严父关在琴房里苦苦练琴、因为犯错而遭受打骂时的情景。也不可否认，贝多芬曾经师从尼福、莫扎特、海顿等人，在创作风格上受到了很大的影响；但也不要忘了，贝多芬前期创作的很多乐曲，之所以不那么成功，就是因为模仿了太多前人的创作元素和风格。

一个精神和灵魂不独立的人，就不是一个真正独立的人；一个刻意卖弄才华和炫耀音乐技巧的人，成不了伟大的音乐家。贝多芬真正崛起为一个音乐巨人，不是才华被世人赞叹、事业如日中天的时候，而是他因病致聋的时候。

对于一个音乐家来说，他的世界是听到的，而不是看到的。一个寂静无声的世界，就是一片灰色的世界，一片死亡的世界。可是，命运总是这样无情。当贝多芬的事业正如日中天之时，一场怪病悄悄降临。生病期间，他不断腹泻，而且听力严重下降。风拂过河边绿树时沙沙的声音离他越来越远，鸟雀降落在草地上也变得寂静无声，有月光的夜晚是那么寂静，暴风骤雨也变得悄然无声……面对这一切，贝多芬心里是多么绝望。

他憎恶那场疾病，憎恶这个听不见的世界，哀叹自己不幸的命运。他觉得，生命中那盏照亮世界的灯很快就要熄灭了。一天天远去的世界，让贝多芬灰心无比，为此他曾一度写下遗书，决定弃世而去。但这份遗书并没有催着贝多芬去自杀，而是让他从生命的痛苦中触摸到了自己的内心。他竖起耳朵，拼命去听这个世界，以挽住那最后一点可怜的声音。

在痛苦挣扎中，贝多芬创作了一大批流传广泛的名作，如《月光曲》《暴风雨》《春天》等。在此期间，他还创作了《第二交响曲》。《第二交响曲》前两个乐章演奏出了光明与黑暗苦苦搏斗的过程，到了三、四乐章，旋律开始变得轻松、欢快起来，光明战胜了黑暗，正义战胜了邪恶。这首交响曲，是贝多芬对生活的希望，对生命的赞歌。那奔涌于旋律中的不懈抗争的元素，既是贝多芬内心痛苦经历的写照，也是这首曲子真正打动人心的地方。

在此一年后，贝多芬又创作了《第三交响曲》，这首交响曲是贝多芬专门献给当时的风云人物拿破仑的。在那个时代，法国军人拿破仑被许多人视为“自由”和“平等”的象征、拯救整个欧洲的英雄，他也由此受到了无数人的崇拜，贝多芬也是其中的一个。

对自由的向往与追求奏响了贝多芬心中的浪漫英雄主义之音，他想象着心目中那个伟大的英雄用琴键奏响了那个时代属于英雄的最强音。听着《第三交响曲》，人们不禁热血沸腾，犹如回到了那个动荡的年代，仿佛自己正骑着矫健的骏马，与伟大的英雄一起厮杀疆场，为自由、平等、正义，英勇作战。拿破仑的独裁和暴行被世人所知后，贝多芬大为失望，还气得生了一场病。他没想到心中的偶像竟是如此一个

“凡夫俗子、野性暴君”，但这并不影响《第三交响曲》这部作品本身的伟大。

你也许不知道，这样一部洋溢着浓郁的英雄浪漫主义激情的大作，竟然是在一个宁静的田园中孕育并创作而成的。作品中的英雄不是拿破仑，而是贝多芬理想中的英雄；作品中战斗的气息和自由的理想，是贝多芬对自己理想和追求的抒发。此后，贝多芬又创作了无数伟大的作品。

在我们仰望这样一位音乐巨人的时候，不要忘了，他患有耳聋疾病，是一个什么也听不见的音乐家。当他的十指在钢琴上飞舞时，他奏响的世界是他心中的世界，他聆听到的琴声，是他心中的琴声。

也许你曾经因为那难忍的孤独而痛苦、流泪，甚至怀疑自己生存的价值。但是当你沉寂下来，在寂静之中审视自己的灵魂，触摸你内心深处最柔软的地方，你会发现正是因为此刻的孤独成就了你。把握自己的心灵是一种与生俱来的能力，但很多人却在喧嚣之中遗失了这种能力，他们看不清自己，更看不清外面的世界。而此时，孤独就是拯救他们的一剂良药。

孤独让人感到安全，孤独也会让人的内心归于宁静。在这个世界之外，还有一个眼睛看不到的世界，需要你用心灵去感知，而通往这个世界的道路，就是孤独。

当贝多芬来到那个看似封闭的、没有音乐的世界的时候，表面上看他似乎是走进了一扇寂寞的门。可是他的心门却也因此打开了，他听见了整个世界，就像他说的一样：创作是让心中的东西完全释放出来，而引导这些东西出来的，便是那伟大却又无声的寂寞。

还在抱怨寂寞吗？看看它，它正在微笑着看你。

寂寞需要一颗淡泊之心，需要耐心的坚守，只有将寂寞坐断才可以重拾喧嚣，只有将悲伤过尽才可以重见欢颜，只有将苦涩尝遍才会自然回甘，这就是生活最想告诉你的。

你要相信，时光不会辜负每一个平静而努力的人。

此刻开始，让沉重的人生轻盈

在人生的旅途中，我们背负着太多的行囊，有的人一路总在做加法，总有令其无法舍弃的东西爬上肩头，于是越来越累，气喘吁吁。也有人一边走，一边卸下肩头的重负，用减法来度过这一生。

有些东西出现在我们的生活中，似乎是你不可缺少的，却又注定是要被遗弃的。当你的人生拥有了作减法的能力，那些不必要的负担就会烟消云散，让你的人生旅途变得轻松惬意。

其实，人之初，原本就是什么都没有的。

你赤条条来到这个世界上，除了一个身躯与灵魂，简直是一无所有。可是随着你会说、会走、会跑，你想拥有的东西越来越多了。也许是钱财，也许是感情，也许是名利，你的肩头也越来越沉重。

贪心不足似乎是人类的通病，为了获得，我们只顾着学习加法。

而事实上，人生的痛苦，很多时候都是这道加法得来的。

英国有个叫约瑟夫的人，是公司项目部的主管，他在公司踏踏实实工作，在家老老实实生活，对老板忠诚，对妻子温柔，对孩子宠爱，算得上是一个好员工、好丈夫、好爸爸。他虽然赚钱不多，开的也是二手车，住的是租来的小房子，生活却很充实、快乐。

有一次，他的妻子珍妮去参加一个同学会，回家后，便有些闷闷不乐。

约瑟夫问她："甜心，你今天是怎么了？怎么这么不高兴？"

珍妮唉声叹气地说："也没有什么，只是看到那些老同学一个个事业有成，开着豪华的轿车，我们却连一辆普通的新车都没有，有些难过。"

"新车？我们有一辆可以开的车就可以了嘛……"看到妻子不太高兴，约瑟夫又改口说，"不过，买一辆新车也不错。那我们就买一辆吧！明年之前，我一定会攒够买新车的钱的。"

为了买新车，约瑟夫每天都起早贪黑，白天去公司上班，晚上还要做兼职。一年过去了，约瑟夫瘦了一圈，不过总算攒够了买新车的钱。

把新车开回家，约瑟夫心里十分得意。他跟妻子说："甜心，为了这辆新车，我们去庆祝一下吧！"

没想到珍妮却说："这有什么值得庆祝的？为了买这辆车，全家省吃俭用，已经整整一年没有出去旅游了。看看人家艾伦，一家人过得多么自在逍遥啊！"

艾伦是珍妮的好朋友，她的丈夫开着一家公司，效益很不错。他们住在高档小区里，每个暑期都要去阿尔卑斯山下度假，旅游时拍下的照片，已经装满好几本相册了。照片中美丽的风光和灿烂的笑靥，真是让人羡慕不已。

"可是，我们没那么多钱啊！"约瑟夫刚想辩驳，看见妻子的脸色不好看，赶紧哄道，"不过，一年旅游一次还是可以的。明年夏季，我们也去阿尔卑斯山下避暑吧。"

为了兑现诺言，实现去阿尔卑斯山旅游的梦想，约瑟夫不得不更加拼命工作。为了赚更多钱，他还常常把兼职工作带回家来，一干就是一个通宵。次年夏天，约瑟夫终于攒够了去瑞士旅游的钱。"好啦，好啦，出发吧。"出发那天，珍妮收拾好东西去卧室催约瑟夫，发现他躺在沙发上睡着了，双目凹陷，周围挂着两个大大的黑眼圈。约瑟夫被珍妮叫醒后，拖着疲惫的双腿，把珍妮收拾好的大包小包都放上车，随后坐在珍妮旁边，开车往机场的方向驶去。

按理说，度假是为了休闲、娱乐，应该快快乐乐才是，但这次，约瑟夫一家的瑞士之行却不太理想。度假时，约瑟夫对珍妮大手大脚购买旅游纪念品有些不满；珍妮却责备约瑟夫干什么都无精打采的，一路上只知道睡觉，没有一点浪漫可言，大大破坏了她旅游的兴致。

结果，不到半个月，约瑟夫一家就提前结束旅游回到了英国。

"你看看，出国旅游也没有多大意思，你还非要吵着去。"约瑟夫对妻子说。

"这都怪你！整天无精打采的，大白天打瞌睡，买些纪念品还要阻拦我，太扫兴了。"

“我那么拼死拼活地赚钱，能不累吗？你还不体谅我，花钱那么大手大脚。”

“都怪你没本事，干了这么多年还不过是个小主管，赚的钱还不及别人的一半。不说别的，你至少也得为孩子着想一下。别人家的孩子都能上最好的学校，家里都有一大堆玩具，我们的孩子从小到大却只有一个维尼熊做朋友……”说到这里，珍妮哽咽起来。

约瑟夫的气消了下去，心里有些自责，觉得自己对不起妻儿，让他们跟着自己受苦了。

为了满足妻子的愿望，约瑟夫没日没夜地拼命工作，常常顾不上吃饭。但是，妻子想要的东西总是那么多，他总也满足不了她的愿望。好不容易实现了一个小目标，她的头脑中又会马上蹦出三个新的目标。

什么时候才是个头啊？

有时候，约瑟夫真的觉得好累，身体累，心也累。可他不能停下来休息，甚至连喘息的时间都没有。因为需要做的事情太多了。

在这些事情中，赚钱是第一要务：每个月的房租、汽车的油钱、日常开销、给孩子买钢琴和玩具的钱、给妻子买昂贵衣服和首饰的钱。此外，他还要为一家人来年的旅游做好准备，为妻子买一辆新车攒钱，为凑齐买大房子的首付攒钱……

这么多花钱的地方，靠他现有的薪金根本应付不过来。为此，他不得不拼命做兼职，一份、两份，两份还不够就三份。然而，约瑟夫这样做却是得不偿失，这些兼职没有给他带来多少收益，反而影响了正常的工作。最近，约瑟夫总是在工作上出现失误，领导已经对他发出警告，再这样下去他项目主管的职位就保不住了。

约瑟夫工作不顺心，回到家却还要听珍妮抱怨：

“一年一年，你怎么没有一点长进呢？薪酬没变，职位也没变。你那些老同学哪个不是经理、总监啊？你却连一个项目经理都当不上。”

“你心中还有这个家吗？你有没有想过多久没开车陪尼可去海边了？”

“我是个保姆吗？为什么看孩子、干家务都是我一个人的事儿？你搭一把手就不行吗？”

听到妻子说这样的话，约瑟夫心里十分难受，有时候也忍不住发泄几句心中的不满。他觉得妻子不体谅他，还对他冷嘲热讽，分明是瞧不起他。

约瑟夫想不明白，为什么自己那么辛苦工作，却还是不能改善生活，也不能讨妻子欢心，连儿子尼可也似乎对他颇有意见，总是离他远远的，不愿意亲近他了。

一天，又急又愁的约瑟夫累倒了。躺在病床上，他的心却还一直惦记着工作，盼望自己能快点好起来，结果，病却迟迟不好。三天后，约瑟夫实在耐不住性子，趁护士不防备，自己拔掉了手上的针头，穿上鞋就要下床。

“约瑟夫先生，你现在身体很虚弱，千万不要动。”医生在一旁劝阻他。

“我得立刻回去上班，我在这儿已经三天了，不能再待下去了。”

“可是等你还没回到办公室，又会马上回到这里来。如果你再那样不要命地工作，总有一天会彻底垮掉的。”

这时，在一旁的珍妮听医生的语气那么郑重，也劝丈夫先躺下，过几天再出院。约瑟夫还是坚持要回公司上班，医生怎么劝也劝不住。

“你不让我出院，那些完不成的事儿怎么办？买房子的首付还差得远呢。”

“买房子就差这一两天吗？”医生不解地问。

“可是，我还有好多别的事情要做啊……”接着，老实的约瑟夫就掰着手指头，把今年他答应妻子、答应孩子的事儿一一说了一遍。

“你这样生活太累了。一个人就像一座房子，你不断往里面添家具，再大的房子也会被装满。到时候，你又要说：‘这房子怎么这么小啊？’房子里的家具不是越多越好，有几件必需的就足够了。对一个人来讲，世界上有那么多的事，你干得过来吗？我们总得挑着干。最先干那些重要又紧急的；那些重要却不着急的可以缓一缓，有计划地安排着干；那些可干可不干的就不干。依我看，好好养病对你来说就是当务之急。不过，对你来说哪些事重要，哪些事不重要，还得你们夫妻俩自己商定。”医生说完，摇摇头走了出去。

听完医生的话，约瑟夫和珍妮四目相对，若有所思。沉思了一会儿，珍妮对约瑟夫说：“亲爱的，我觉得医生讲得很有道理。现在，你先把身体养好再说。买房子的问题，可以缓一缓嘛。”

“可是，今年给你买新车的钱也不够啊！”

“但医生说你再不好好休养就要得大病了。到时候，钱都进了医院，车还是买不了啊！”

“那怎么办呢？”约瑟夫急得直咳嗽，眼前一阵眩晕，赶紧扶着桌子坐回了床上。

看他这个样子，珍妮赶紧说：“那辆车又不着急，其实干脆不买也行。我只是觉得别人都有，自己也想买一辆。现在仔细想想，平时用到的机会也不多。”

约瑟夫想了想又说：“可是我答应在尼可生日时送给他一架钢琴的。艾伦的孩子既然有一架，咱们也不能委屈了尼可啊！”

“没关系，先给他买个电子琴吧。我来说服他。”

听完妻子这些话，约瑟夫感动得说不出话来。没想到，珍妮还是很体贴他、心疼他的。

病愈回到家，约瑟夫和珍妮一起将未来的生活梳理了一遍。他们把原计划要做的大大小小的事情罗列在纸上，然后把今年必须做的事标红，把必须做但可以慢慢来的事标黄，再把那些没必要做的事打上叉。还不到两个小时，这项梳理工作就完成了。拿着这张花花绿绿的纸一看，夫妻俩惊讶得瞪大了眼睛：标红的事情不到十件，标黄的事情只有五件，剩下的好几十件竟都被打上了叉！原来，自己的生活中可以砍去这么多没有必要做的事情啊！

看着满纸的叉，约瑟夫顿时感到浑身放松，心里也十分舒畅。

没了那么大压力，约瑟夫也不必再那么辛苦了。他辞掉了兼职，专心地投入到自己的本职工作中，工作效率有了很大提高。一年后，约瑟夫被提升为项目经理，薪酬也翻了几番。工作轻松了，赚钱多了，约瑟夫陪伴家人的休闲时光也多了。

几年后，约瑟夫一家搬进了宽敞明亮的新居，珍妮的新车有了着落，尼可的钢琴也买了，一家人还经常一起出去旅游……真是“踏破铁鞋无觅处，得来全不费工夫”啊!

减法是一件多么简单，却又多么难以掌握的技能啊。

它需要你有决心，去舍弃那些诱人的东西；它需要你有魄力，不会再沉迷于那些欲望当中；它更需要你有一双明亮的眼睛，来看得见什么才是真正所需。

去学习给生活作减法吧，为了你更轻松地享受属于你的美好人生。

不惧一切，才是生命快乐的起始

奔驰在马路上的跑车，看似风驰电掣，但却总是被引擎控制着。就好像我们的人生，虽然看上去自由无限，但却依旧要被看不见的绳索束缚着。有一些绳索是社会的规则，而改变命运的绳索却总是掌握在自己的手中。

难道你没有发现吗？当你开始抱怨人生的时候，当你对未来充满了恐惧的时候，你的命运就会像你抱怨的一样越来越糟糕。你的抱怨、怯懦，你的愤怒和绝望，似乎就是那牵引着你走向失败的绳索一样。

熬过冬日的寒风和霜雪，枯枝上便可长出一树的绿叶和鲜花。

冰冷枯燥的冬季总会过去，只要活着，就会迎来春暖花开，迎来欣欣向荣；只要活着，便可迎来生命的无数种可能。

芸芸众生，很少有人的命运会比海伦·凯勒还要坎坷。厄运降临时，她还是一个不到两岁的孩子。多么无辜啊！可她却要被迫生活在一个黑暗的无声世界中。这样的打击，与其说成是寒风和霜雪，不如说成是绝望的深渊。

可深渊，也会有希望。

海伦·凯勒用她独特的生命个体证明了这一点。她用顽强的毅力克服了精神上的痛苦，开始朝着阳光的方向奔去。她抚摸天空，抚摸云朵，抚摸清风，抚摸文字，抚摸自己的内心，抚摸别人的灵魂……

当她用双手抚遍了这个世界的时候，她意识到：原来，上帝是仁慈的，他不会将一个人置于死地，也不会把一个人所有的希望之窗都关上。

海伦·凯勒看不见、听不见，但她有一颗顽强又细腻的心，有一双灵巧的手。感知这个世界，不一定要用眼睛，也不一定要用耳朵。有时候，只用心、用手感知到的世界，可以比眼睛看到的、耳朵听到的更真切、更广阔。海伦·凯勒正是用她的心和她的双手，使她苍白而悲惨的生命渐渐走出黑暗，走进阳光。她奇迹般地学会了说话，同时还掌握了英语、法语、德语、拉丁语和希腊语，成了一位学识渊博的作家、教育家。她把她的一生都献给了她爱的世界，献给了那些同样看不见光明的人，献给了生活在黑暗世界中的不幸的人。

海伦·凯勒变成了一个英雄、一个天使，她的光芒让全世界的人都受到了鼓舞。很多人在听说海伦·凯勒的故事后，惊叹："这怎么可能！""是什么让她拥有了如此惊人的力量？"

是信念，对生活永不熄灭的信念。只要有信念，就会有希望；只要有希望，就会等到春天，感受到温暖。就像一棵树，有时候，要挺过冬天，再次见到春的美好，并不需要它太强大，只需要它足够坚韧就可以了。

坚韧，是一种多么美好的品质。水滴石穿是因为水的坚韧，磨铁成针是因为磨针人的坚韧。坚韧，其实并不难，只要心中不放弃梦想，生命就可以不停地朝梦想的方向靠近。那些看似坎坷的道路，说不定就是一条捷径。

力克·胡哲，这个澳大利亚的残疾人，曾感动并鼓舞过无数生活在痛苦中的人。

如果说一场疾病夺去了海伦·凯勒的视力和听力让她变得不幸，那么力克·胡哲也许更不幸，因为他一出生就患了海豹肢症，天生没有四肢，只有两只长着两个脚指头的小脚。

力克的父母都是基督徒，当他们看见自己的孩子竟是这样一个四肢不全的怪胎时，也不禁开始怀疑上帝。但他们并没有因此抛弃这个可怜的孩子，而是怀着痛苦和怜悯的心将力克抚养大。

很多人埋怨生活太压抑、太痛苦，没有自由。那是因为他们不知道，这个世界上还有比他们更痛苦的人。对没有双手和双腿的力克来讲，“自由”从来就是两个可望而不可即的字眼。离开照顾他的父母，他除了叫喊，别的什么都办不到。绝望的力克曾3次自杀，试图了结自己可怜的生命。但痛苦让他早熟，10岁那一年，他突然意识到：人，要为自己的快乐负责。

这是一种生命的觉醒。从此，力克的生活逐渐有了转机，追求快乐、追求无拘无束，成了支撑他顽强活下来的信念。这种信念让力克充满了勇气，他尽量学会掌控他那两只小脚，用它们来滚、踢、推及支撑身体，并用它们来做更多的事情。

生活就是这样神奇。当力克对生活充满希望时，生活就越来越有希望；当力克坚持不懈、努力去做一件事时，他便真的做成了。

力克勇敢地登上演讲台，跟别的孩子一起竞选学生会主席，虽然没有获得压倒性的胜利，却被封为“勇气主席”；他不顾风浪，大胆潜入海中，与海龟一起潜水、游泳；他出现在足球场上、高尔夫球场上；他游遍了全世界……

力克超越了自己，他不仅让自己的生活过得多姿多彩，还用自己的行动感动了周围无数的人。他曾说过一句话：“我不需要成为正常人。”是啊，既然无法改变上帝赐予你的一切，为什么要勉为其难呢？一个真正智慧的人，往往不是一个反抗命运的人，而是一个接受残酷命运，从残酷中去发现美好、发现希望的人。

有时候，生命需要安静下来。当我们遭受病痛几欲失去生的勇气时，当我们跌入低谷比周围一切人过得不幸时，请告诉自己：“不必害怕，不必惊慌，因为你还活着。活着就代表希望，代表着有无数种可能。”

上帝给我们生命，就是给了我们爱；既然得到了爱，就不要埋怨爱太少、爱太偏；有爱，就足够了。只要你相信上帝还在爱你，幸运总会降临，你的生活总会好起来。

感情也好，事业也好，我们的生活不会一帆风顺。为什么有些人遭遇了一路坎坷与不幸，甚至被逼到了绝境，却依然还能绝处逢生？不是因为有天相助，只因他们都有一颗淡定自若的心。这颗心把他们从自怜中拯救出来，让他们充满信念，最终成为生命的强者。

对一个人来讲，有一颗淡定自若的心，比拥有智慧和美貌更加重要。

一个人若没有理想、没有远大追求，就不可能在人生之路上走得太远；一个人如果不相信黎明的曙光，就熬不过漫漫长夜；一个人若是畏惧病魔，往往不等大病来袭，自己就先把自己吓倒了。

那些头脑灵活却表现平庸、遇到一点极小的挫折就从此一蹶不振、只得了一点不痛不痒的小病就呼天抢地的人，不是命运对他们不公，而是他们遇到挫折时无法淡定，无法正确地看待自己、看待生命。是他们自己限制了自己的生命。这样的人，是多么可怜、多么可悲。

很多人都知道《老人与海》，也有许多人被故事中那个硬汉的形象感动。殊不知，这样的硬汉无处不在。有着坚定信念且敢于行动的人，就是一个铁骨铮铮的硬汉。罗斯福坐在轮椅上当总统，克里斯多夫·李维坐在轮椅上当导演，史蒂芬·霍金在全身肌肉萎缩的情况下写出了《时间简史》。

路虽然难行，但它一直在你的脚下延伸着。心虽然难控，但它却一直在你的意愿之下充盈着。心随路转，心路才能常宽。

但当你学会了淡定自若地迎接每一个挫折的时候，学会了在绝境之中转动手中方向盘的时候，你也就掌握了人生的智慧。因为挫折并不一定就是危机，它也许是一个转机，只要你用带着微笑的眼睛去看待它，只要你不被抱怨的灰尘蒙住眼睛，它就会变成一件礼物。

即便人生是以悲剧开始的，你也可以让它用喜剧来结束。

相信自己，相信命运，就一切皆有可能。

人生，就是微笑着去采最美的花

人生，有时就像一片花海，当你走入其中，眼花缭乱，你不知道自己该朝哪个方向走下去，才能看到最美丽的景色。

无数的小径出现在你面前，让你不知所措，让你不知何往。于是你就凭着直觉向前走，哪怕脚下的路会将你引入歧途或者绝境。因为我们能做的，就是相信自己的内心，凭着内心的力量走下去，无怨无悔。

他出生在一个贫穷的小山村，父母辛辛苦苦供他上学，希望他有朝一日能出人头地。他从小的梦想就是当一名厨师。上大学时，他一边按父母的意思学了法律，一边勤工俭学，用自己的钱报了一个烹饪培训班，进修烹饪技术。

毕业后，他一个人来到深圳，在一家大酒店当起了厨师。

有人跟他说："你父母希望你当律师，结果你却当了厨师，他们知道了会失望的。"

他却说："只要问心无愧，当律师当厨师都一样。"

他是个干什么事都很投入的人，一进那家酒店，他就把菜单上每一个菜都仔细研究了一遍，怎样才能保持鲜亮的色泽，又能合乎顾客的口味，还不造成营养的流失，他都弄得一清二楚之后才动手。

在厨房工作，免不了被烟火和油烟熏烤。但他每天都要在家里冲完澡、洗完头才去上班。他的厨师帽和工作服也要每天都洗、每天都换。有几个同事跟他开玩笑："又不会把你切了下菜，洗这么干净做什么？一天下来还不是浑身烟火味儿？"

"人家主厨还不天天换洗呢，你也太讲究了一点吧！"

"你是期待有谁拿你去摆人体宴吗？"

每次，他都只笑而不答。

由于他做菜用心，做的菜经常受到顾客好评，很快就受到了酒店老板的信任和重用。一年后，酒店里凡是有大客户来，都会让他担任主厨。

可是有一天，他遇到了一件十分棘手的事情。那天，他们酒店来了一个G老板，为了谈成一笔几千万的生意，竟然要在这里宴请客户吃猴脑。

酒店的菜单上并没有猴脑这一道菜，但店里有个不成文的规定：如果有哪个客户想吃猴脑，就把服务员叫到身边，然后用勺柄在桌上轻轻敲六下；服务员也不在菜单上记录这道菜，只写"佐料"俩字，厨师就会心领神会，准备好猴子和各种吃猴脑所需的调味品。

他做齐了顾客所点的菜，就是迟迟不准备那份特殊的"佐料"。传菜的服务员来回奔跑，催了他好几次，他都不为所动，还对服务员生起气来："你不觉得很残忍吗？"

"当然残忍啊！但人家是大老板、大客户，我能怎么办啊？"

"你能怎么办？不理他不就行了吗？"

服务员见说不动他，只好跑去找老板。

老板到厨房时，别的人已经把一只小猴子五花大绑用绳子捆好了，身上盖着一块白布，脑袋也被洗得干干净净，头顶上也被剃去了一撮毛。老板亲自劝他，说了一堆好话，又说了一堆做生意也不容易，往后还得靠人家罩着的道理，希望他通融通融，把这件事做好了。

他听了老板的劝，依然一声不吭。

见他如此顽固不化，老板发飙了："你以为你是谁啊？让你当主厨是看得起你。没有你，这事别人一样可以做。不愿意干，现在就可以走人。"

老板说完，给另外一个厨师使了个眼色，气愤地走开了。

几分钟后，几个服务员领着猴子，端着七八个小碟子从厨房走了出去。他赶紧脱下厨师的衣帽，紧跟在后，一同来到了G老板所在的包厢。酒店老板正在一旁陪着说好话。

在那儿等着的G老板见猴子终于过来了，马上喜笑颜开，他示意领头的那个服务员赶紧动手。

一伙人正要将那只可怜的猴子推到中间带孔的桌子下面时，突然听人大喊一声："住手！"

顿时整个包厢的人都怔住了。

酒店老板和那群服务员也吓了一跳，不知道这个说话之人是什么时候跟进来的。几个服务员小声劝他劝不动，推他推不走，又不能在包厢里打架，站在一旁没了办法。

酒店老板气得脸都青了，正不知所措时，只见他已经走到餐桌跟前，尽量保持平静的语气说道："不好意思打扰了大家。各位都是做大生意的人，肯定也是心胸宽广、知书达理的人。我虽然没有资格在这里说这些道理，但我有一个不情之请，还希望各位能够高抬贵手，放了它。"

做东的G老板气得浑身发抖，脸色铁青地看着酒店老板，一言不发。包厢里的气氛十分尴尬。

这时候，一个中年男子站起来说："G老板，我们也没想到你说的惊喜是'猴脑宴'。多谢你费心了。只是我们在海外从来没有吃这个的习惯，不如就把它放了吧？宴席是宴席，生意是生意，我保证这绝不影响双方谈生意的事儿。"

见对方这么说，G老板也只好点了点头。

猴子得救了，他却被解聘了。

有几个要好的同事劝他："有很多事，大家都知道不应该那么做。但是你不做，别人也会做。今天你救了这只猴子，不见得它就能活过明天。有些事睁一只眼，闭一只眼就过去了，何必较真儿呢。"

他却说："这话说得也对，也不对。这只猴子是不一定能活过明天，但我们谁又一定能活过明天呢？意外太多了。就算好不容易熬过了明天，也不知道后天会怎样。总之，过一天是一天吧，但只要每一天都问心无愧就好。"

以后，他又在不同的大酒店当过厨师，也因为相似的原因被开除过好几回。但他对自己做出的选择无怨无悔，因为他做的每一件事都对得起自己的良心。

后来，也有很多人劝告他，告诉他：如果你做出了这样的选择，你会看到别样的风景。但是他的内心却有一个声音在说：人生的路，不管你怎么选择，总是会看到不同的风景，可是那些风景是你想看的吗？那些花朵真的是你想采的吗？

不同的道路上，有不同的花朵，而我们一心想采摘的，只是能够让你感受到人生之美的那一朵。

微笑着，去采摘你最想要的美丽花朵，你才能真正体会到生活的乐趣，才能真正感受到来自内心的幸福感。

花开花落，总能恬静相对

庭前总有花开，灿烂的时候得意，凋落的时候失意，这也许是我们最常见到的人生百态。天上总有云来，卷舒之间的真意，漫飞时刻的禅意，却并不是每一个凡夫俗子人能够明白的道理。

人们都向往那种恬淡的人生，花开花落自随意，云卷云舒人不惊。可是淡定自若却并非人人都可以做到，凡俗之中有多少人能够禁得住诱惑，守得住寂寞呢？也许正因为此，那些真名士、真英雄，才显得那么珍贵。

陶渊明堪称史上宁静淡泊第一人，他不为五斗米折腰，辞官归里，安贫乐贱，过着“躬耕自资”的生活。一处茅屋，一个酒壶，一栏秋菊，逍遥于世外，“采菊东篱下，悠然见南山”，是何等的安闲自在。

这里没有官场倾轧，没有宦海沉浮，世间一切纷扰都在那秋菊、南山之外。友人、乡人来了，不管他是谁，只要家中有酒，就坐下来共饮一盏再说。话可以慢慢谈，酒可以慢慢喝。喝着喝着，喝醉了，就对客人说一声："我喝醉了，想睡会儿了。你可以离开了。"

一切都是自然，都不需要应景。心里怎么想就怎么说，怎么想就怎么做，是何等的随心所欲。

后来，陶渊明家遭遇了火灾，"方宅十余亩，草屋八九间"的家没了。也不要紧，搬到一个新地方，重新开始新生活。遇上丰年，舂米酿酒，宴请亲朋好友，将园中的瓜果蔬菜也分人一些，与人共享；遇上灾年，饿一饿肚子，忍一忍寒冷，困难的日子也就过去了。

有一个老农带了一壶酒，送到陶渊明家里，劝他说："你出身侯门世家，是个高雅之人，如今却衣衫褴褛，住的也是几间简陋的茅屋，这不应该是你过的生活。古来历朝历代官场都有清有浊，我劝你还是复出当官吧。"

陶渊明把老农拉进家里一起喝酒，说道："我怎么能违背自己的心意呢？违背自己的心意就是迷失了方向。我的心意已定，已经无法改变了。"一句话，婉言谢绝了老农的劝告。

到了晚年，陶渊明的生活越来越贫困，常常不得已向友人借贷。然而，他固穷守节的志向却老而益坚。他曾写诗说："死去何所道，托体同山阿。"对死都能看得如此之平淡，生之艰辛又有何惧呢？

比起陶渊明的宁静淡泊，李白自有一份与众不同的潇洒。

"君不见黄河之水天上来，奔流到海不复回。君不见高堂明镜悲白发，朝如青丝暮成雪。"人生苦短，如白驹过隙，倏然即逝。既然如此，为什么还要苦苦追求那些俗世名利呢？人的生命本来就是一场经过、一场体验，钟鼓馔玉皆不足贵，贵的是自己可以把握的当下，是那稍纵即逝的生命。

李白少时学剑求仙，二十几岁“仗剑去国，辞亲远游”。驾一叶扁舟，从此犹如一朵野云，自由飘摇。他乘舟既至江陵，又到岳阳，后来又到了金陵、扬州等地，辗转于越中山水之间，访遍天下名山胜水，结交天下志士豪杰。

后来，李白因其非凡的才华受到唐玄宗赏识，在宫中当了官，供奉翰林，陪侍君王。然而，他放浪形骸的禀性却丝毫未改。

李白根本不把宫中的明规暗矩放在眼里，常常溜出皇宫，在长安街上饮酒徘徊；对待那些看不顺眼的权贵，不管他是王公贵族，还是名相宠臣，从来不会摧眉折腰。

有一次，唐玄宗和杨贵妃一起在后庭赏花，兴致正高时，遣人去找李白前来吟诗助兴。众人在长安城外一家酒馆找到了喝得酩酊大醉的李白，把他抬回了宫中。借着酒力，李白使唤宦官高力士为他脱去皂靴，又唤杨贵妃为他磨墨，这才动手创作。

试问，今人有几个能做出这样的豪举呢？

李白并不糊涂，他也知道得罪权贵的下场，在长安几年后被赐金放还便是他面临的命运。李白初来长安时，也怀着建功立业的雄心壮志，并不想把事情搞砸，但一切都是天意，都由命定。在古代，君王是天子，就是百姓头顶的一片天。君王如果圣明，臣子的忠言建议自然会起到成效；君王如果昏聩，做臣子的再讨好他、讨好他身边的人也无济于事。

“人生得意须尽欢，莫使金樽空对月。”既然无法改变这个世界，无法功成名就，就把握自己，活好当下。骑一头白鹿，去青山绿水间漫游，寻求天地之精魂仙气，未尝不是另一种人生。

山水有情，草木有意。在大千世界，人和万物其实没有多少区别。区别的只是人心，因为万事万物原本就是人心对外在世界的一种幻觉。在遇见一个人之前，你并不知道他的存在，你也不了解他的世界，他的喜怒哀乐都跟你没有关系。他其实是存在的，但对你来说，他又似乎不存在。那他究竟算存在还是不存在呢？

笛卡儿曾有一句名言："我思故我在。"佛说："心动，则万物动；心静，则万物静。"

原来，万物都存在于人的心间。心原本是空的。于是，万物既源于空寂，又将归于空寂。

很多人不明白其中的道理，硬要辩解："这万物怎么是空的呢？蛋糕和苹果都有味道，房子和桌子都有形状，它们明明存在啊！"

这样问的人估计没有想过：蛋糕和苹果从何而来？房子和桌子从何而来？这些东西又将去到哪里？

过去有 7 个比丘，去深山里修行，希望能够永远摆脱烦恼，到达传说中的极乐世界。这 7 个人在山洞里苦修了整整 20 年，还是没有修得正果。其中有一个比丘忍受不了整日在山洞里修行的清苦，开始抱怨："修了 20 年还修不得正果，看来我们没有慧根，不如还俗去呢。"

另一个附和道："是啊，去了俗世至少还有田种，还可以盖一所房子，娶妻生子。有的吃，有的住，身边又有人陪，难道不是很好吗？”

这两个比丘的提议得到了另外五个人的认同。于是，修行了 20 年的 7 个比丘决定重返俗世去生活。一天，这 7 个人行至谷口，遇见了一个沙门。

沙门问他们：“你们在这里修炼了几年？现在是要去哪里呢？”

比丘说：“我们在这里修炼得太苦了，整整 20 年还是没有修得正果。与其在山中老死，不如还俗去创造一番功业，等年老了再上山修行。”

沙门微笑着说：“那么，你们以为盖的房子永远都会存在于那里，有了妻儿之后他们就会永远陪伴着你，创下的家业也能昌盛千秋万代吗？人生无常，一切都变幻不息。俗世万物和心中的念想都是烦恼的根源。放下它们，才能修得正果，拥有真正的快乐啊！”

几个比丘听了，这才顿悟，重回山中修行，最终修得了正果。

想要获得内心的宁静，必然要经历一番磨砺；想要让你的心真正变得平静，你必须要看过那些波澜，才能做到不惊。懂得修行的人，会将世上的每一件小事都当作是一次历练，他们正是通过这样的方式来清空自己，让内心变得澄澈。

克制欲望，是我们毕生都要去修炼的课题，让自己的心不被外界的诱惑所拂动，让我们去清空那些欲望的阴影。不管是庭前的花朵，还是天上的云彩，不管是花开花谢还是云卷云舒，得之不喜、失之不忧，当你真正做到了去留无意，那时的人生才称得上是旷达风流。

云起时，愿你安然如初

生命之路虽然行来一路漫长，但是却总有一种安然的力量能够帮助你前行。不管是追求爱情，还是追求事业，不管是想要获得财富还是学问，人们难免会遇到一些无法突破的瓶颈。

山穷水尽时，最易悲哀失落，而那些曾经经历过无数波折的先贤却早已为我们留下了破解的妙方，那就是莫灰心、莫懈怠，一个转身之后，也许会有柳暗花明。恰如唐代诗人王维的两句诗所说：行到水穷处，坐看云起时。

细细品味，你会发现：原来，人生其实没有尽头；你看到的尽头，不过是一个新的开始。

王维从小聪颖过人，21 岁就中了进士，在京城当官。由于王维才华出众，不仅写得一手好诗，同时工于书画，在音乐上也有着非凡的天赋，京中的王公贵族都十分乐于跟他往来。当时，王维真可谓是“春风得意马蹄疾”。他的人生，正如那长安的牡丹，在春风中绚烂开放。

王维 34 岁那年，张九龄当了中书令，他十分赏识王维的才华，举荐他当了右拾遗。张九龄是一位颇有胆识且远见卓绝的政治家，他心怀百姓，对朝廷忠心耿耿，敢于直言勇谏，大胆反对朝廷滥施封赏，坚持跟朝中浊流做不屈斗争。

王维将一切都看在眼中，他十分佩服张九龄的为人和勇气，于是作了一篇《献始兴公》，以称颂张九龄为谋民利，宁可得罪权贵的品质。

只是，那时的唐玄宗已经日渐昏聩。不久，张九龄被罢了相，李林甫接任了他的职位。

张九龄被贬后，李林甫等人在朝中为所欲为，朝廷一天比一天腐败糜烂。大唐王朝已如一座飘摇的阁楼，岌岌可危。

张九龄对王维有知遇之恩，他的为人和主张也深得王维赞赏，况且，他也是一位真性情的诗人。看到这样一位刚正宽厚的上司被贬，王维心中十分沮丧。他越来越厌恶官场的黑暗与腐败，对王朝的未来感到忧心忡忡。若不是为了那一点微薄的俸禄，他也早想弃官隐居了。

此后几年中，王维屡次升官，曾一度被擢升为给事中。然而，身在官场，只为一禄。王维不想与那些结党营私之辈同流合污，更不会对他们溜须拍马、曲意奉承来换得升迁的机会。他只想当一个小官，希望能够安安心心地过完下半辈子。

后来，王维得了宋之问的蓝田辋川别墅，在那里隐居。别墅周围有山有湖，林荫处处。春来花草遍地，夏来流水潺潺，溪中游鱼成群，好不自然清新。在这样一片大好的山林间，几处馆舍随意散置，十分亲切。

比起灯火繁华的长安城，这里真如一处世外桃源，可以让人忘记俗世的纷扰，修得一片内心的宁静。

自从有了辋川别墅，王维一得闲就会驱车来此小住一阵，也常邀裴迪等好友在此游山玩水，写诗作画。清晨，开窗远眺，湖边草木葱茏，春山可望；傍晚，月色溶溶，荷月而归，辋水泛着涟漪，波光粼粼。

幸福的生活总觉得过得太快，一晃数十年的光阴过去了，王维在这里的生活倒也无风无波，甚至还颇为恬静安逸。在辋川别墅的日子，可以说是王维人生中最惬意的一段时光了。

然而，好景不长，一场惊天之变凭空而起。安禄山攻破两京，唐玄宗仓皇出逃，王维因出逃时晚了一步，被贼兵抓住。为了保持名节，王维曾服药装病，想蒙混过关。谁知安禄山不但不生气，反而更加喜欢他了，他特意派人把王维迎到洛阳，把他拘禁在普施寺里，逼他当官。

在古代，为君尽忠保节是当臣子的天职。王维是个有气节的人，当然知道当伪官意味着什么。可他却觉得活着总有一天能看到大唐重新兴盛，所以，最后他还是选择了在陷落的洛阳城里苟延残喘，可心中却天天都在自责，天天在思君。

王维在洛阳被困期间，他的好友裴迪曾冒着生命危险潜入洛阳探望他，裴迪告诉王维安禄山大摆筵席犒劳叛军将士，朝廷旧臣们一个个流着眼泪在凝碧池边为安禄山表演歌舞的事情。王维听了之后，心中又气又愧，万千感慨凝成了一首《凝碧池》：

“万户伤心生野烟，百僚何日更朝天？秋槐叶落空宫里，凝碧池头奏管弦。”

以诗明志，表达了自己不愿做伪官，却又身不由己的无奈之情。

安史之乱平息后，王维在朝中大臣的保举下被赦了罪，后来又重新当了官，一度官至尚书右丞，也算要职。然而，这么多年来，历经官场沉浮，他早就看透了官场的黑暗和仕途的艰险，归隐之心日甚。

晚年，王维归隐山中，定居在终南山的一座别墅里，一心修佛，看空名利，过着自由自在的生活。

一天，王维乘兴独自在山中行走，一边走，一边欣赏着路边的美景。他沿着一条小溪不断向上游走去，渐行渐深。走着走着，不知不觉走到了小溪的尽头。小溪不见了，路也没了，他一时不知道该去向何方。于是，他索性坐下，看那悠闲无心的云在山林中兴起飘游。

看云之时，他突然想起，这云的家不正是这山林中的溪谷吗？原来，那小溪并没有消失，它是化成了云，去了天上，去了更广阔的空间。这小溪也不会断流，因为那云越积越厚，自然又会降落到这山林里。

这么看，那溪的尽头，便不是尽头，而是成了云起处，成了新的开始。

一切都有起始，一切也都有终点，但在漫漫人生路上，这起始和终点远不是我们所能控制的。溪水的尽头和云天的起点，不就是无法破解分别的吗？

想到这些，你的心中是否也会感到自在起来。抬起头看看水天之间，恍惚之中是否也会有像王维当时一般缥缈的感受，眼前的云不再是障碍，心中的天地也自然不再受束缚。

当有一天你可以抵达这样的心境，又何愁看不破这一世繁华呢？又何愁自己不能拥有破解烦恼的智慧呢？

云起时，也许就是人生最宽广、深远的境界吧。

从容地奔跑，随心去远方

走自己的路，一辈子无怨无悔，是很多人都期望达到的境界。但是世俗名利和成败得失却总是缠绕在你的心头。想过只遵从自己意愿的人生，看上去不难，实际上却非常难以实现，究其因，恰如白驹过隙的生活并不会给你太多的机会。

在那些让人神往的生活中，最有吸引力的莫过于“随心所欲”的日子了。似乎在那样的环境之下，人才不枉活了一世。

从容面对自己的人生，难道真的是可遇不可求的运气吗？

日本有一个叫春水上行的年轻人，大学毕业后当了一名外科医生。这个行业报酬丰厚，收入稳定，为很多人所向往。可是春水上行却感到十分苦恼，因为他并不喜欢当医生，他真正热爱的是写作。

放弃待遇优厚的工作去写作，是不是代价太大了？靠写作能维持生计吗？这样的代价和牺牲能换回相应的回报吗？自己快要 30 岁了，现在开始写作还来得及吗？

春水上行心里七上八下，犹豫不决。1960 年的一天，他给当时闻名全球的摩西奶奶写了一封信，倾诉了自己的苦恼，希望得到她的指点。

摩西奶奶是 20 世纪初美国最著名、最多产的原始派画家之一。跟别的画家相比，摩西奶奶 77 岁才开始学画，80 岁才成名，可谓大器晚成。在成名之前，她不过是一个靠刺绣乡村风景为生的民间农妇，后来因为关节炎的缘故，才不得已放弃了刺绣，转而投入到绘画之中。

去信不久，春水上行收到了一张摩西奶奶寄来的明信片，上面写着一行字："做你喜欢做的事，上帝会高兴地帮你打开成功之门，哪怕你现在已经 80 岁了。"

这句话深深地触动了这位年轻人的心。他下决心放弃了医生的职业，一心投入到了文学创作中。这个年轻人，就是后来享誉世界的日本情爱小说大师——渡边淳一。

如果不相信自己，不坚持自己真正喜欢的东西，这个世界也许就会少了一个渡边淳一，少了《失乐园》等上百部优秀的文学著作。其实，一个人真正愿意做的那件事，才是他的天赋所在。这天赋犹如深井里的泉水，只要你坚持不懈去挖掘，就会得到甘甜清冽的清泉。

说到坚持自己，有一个人可谓是做到了极致，她就是被称为"美国最牛插画家"的塔莎奶奶。

塔莎奶奶的全名是塔莎・杜朵，她曾两次获得有"绘本奥斯卡”之誉的凯迪克大奖，同时她还是“女王终身成就奖”的获得者。她的插画弥漫着一种“早春夜晚般的柔弱之美”，那画中的世界是如此迷人，受到了无数绘本迷的憧憬和向往。

可这样的生活，当真只存在于绘本中，只存在于幻想的童话中吗？很多人不知道，塔莎奶奶笔下那个迷人的世界，那片理想的伊甸园，就是她本人生活的地方。

蓝天白云下，一座19世纪的大庄园里，花草繁盛。一群鸡在草地上走来走去，低着脑袋啄食草籽和草叶上的小虫；几头奶牛被拴在树桩上，哞哞地叫着。庄园里十分安静，这里没有电，没有自来水，人迹罕至。一个老妇人穿着复古长裙，头上戴着碎花头巾，在院子里摘了一篮子草莓，安静地坐在树荫下做果酱……

一切都是那么原始，那么自然，就像一个虚构的童话世界，但这一切又都是真实的。

塔莎奶奶就生活在这样一片虚幻的真实中：春耕、夏种、秋收；在散发着泥土气息的庄园里挑水、做饭、开辟菜园、摆弄花草；跟孩子们、木偶们一起设立“麻雀邮局”，互相写信；亲手制作肥皂、蜡烛和油灯，吃粗面包；每天纺线织布，为全家人裁做衣裳；冬季宁静的夜晚，坐在亮堂堂的火炉边作画。

这一幕幕闪过的瞬间，看起来多么美好，多么令人向往。但要真正生活在这样的世界里，就要学会忍受亲自劳作的艰辛，忍受原生态生活的种种不便，忍受与世隔绝的寂寞，学会从容和淡然处世的心态，学会坚持与淡定。

能像塔莎奶奶这样，孤独地在一个19世纪的庄园里生活一辈子，常人是做不到的。

然而，喧嚣寂灭，尘土落地，塔莎奶奶一生的执着和坚守，换来了心灵的净化，灵感的升华。

如今，“塔莎奶奶”已经成为一个象征理想的符号，很多人把塔莎奶奶的生活当成一种梦想去追求。殊不知，这种梦想离我们并不遥远。

仔细看看自己的脚下，当你眼睛被蒙蔽的时候，其实还有一条可以直通梦想的道路，只是要看你的脚是不是会去走。当我们明白了自己所追求的，如果一心只想要从容地奔跑，一心只想去自己向往的那个远方，那么就不要犹豫，勇敢地踏出去一步，你唯一需要做的就是勇往直前走下去，到那时全世界都会为你让路。

永无烦恼，便能到处是缘

在佛家看来，人世间的一切都不过是幻象而已。在他们的眼中，最值得珍惜的是极乐世界，在那里没有任何烦恼，因为他们切断了所有能够引发烦恼的根源。可是，对我们这样的凡俗之人，这样的世界那么遥远，似乎永生无望。可高僧却总是说：一切不过是“空”而已。

“空”这一个字，蕴含了佛家哲学的大智慧。它代表着人已经学会了无为，了结了烦恼，代表着忧愁再也不会纠缠我们。

这，也是一种人生的智慧。

五祖年老时欲传衣钵，命各弟子在墙上作偈。扫地的慧能小和尚趁别人不在，也在墙上题了四句偈：“菩提本无树，明镜亦非台。本来无一物，何处惹尘埃。”

五祖看后大喜，就将衣钵传给了慧能，慧能即后来的六祖。

一千多年过去了，当我们回头再看这四句偈的时候，仍然不得不叹服古人的智慧。短短几句话，便将这世间人、世间事，点得通透。在无数天花乱坠的解说和阐释背后，其句中意则始终只有一层，那便是“空”。

这世间最令人难以了却的，莫过于一个“情”字。

一个郁郁寡欢的年轻人来到五台山寻求解脱。

寺里高僧问他：“年轻人，你因为什么而烦恼？”

年轻人说：“我爱一位姑娘，她曾经也爱我，可她后来爱上了我的朋友。我在失去爱情的同时，也失去了友谊。这让我十分烦恼，不知道如何解脱。”

高僧说：“爱是什么？友谊又是什么？你可曾遇到过爱？你可曾真的爱过？”

年轻人一时被问住了，答不上话。

高僧微笑着继续说：“年轻人，你既然不知道爱是什么，友谊又是什么，也不曾见过它，为什么说是为爱而烦恼呢？你若真爱姑娘，真爱你的朋友，就会宽恕他们的一切，只想他们的好。想起他们的好，你的心中便只会有快乐，不会有烦恼。你的烦恼，不在那位姑娘，也不在那个朋友，更不在看不见的爱和友谊上，而在你自己心里。”

年轻人赶紧问：“在我心里？那我是在为什么烦恼呢？”

高僧说：“为你心中的尘。”

年轻人急切地问：“那我要怎么将它拂去呢？”

高僧答：“心中本无尘，你怎么拂？”

年轻人不解地问：“大师，你一会儿说我心中有尘，一会儿又说无尘，我心中究竟有没有尘呢？我到底该怎么消除我的烦恼呢？”

高僧答："原本没有烦恼，可你觉得有烦恼，想着这烦恼，烦恼就会在你心里滋生，这烦恼就是尘。你觉得自己没有烦恼，烦恼自然就消逝了，心中也就无尘了。烦恼的起落，是一个从无到有再到无的过程。世间万事万物又何尝不是如此呢？草叶间原没有花，如果忽然花开时有人为之惊喜，那么花败时必然有人为之嗟叹。其实想想，花开了又谢，对没有见到它的人来说，就是不存在。即使有人见过它，它的存在也不过是刹那的幻影。既是幻影，何必为之烦恼？念由心生。你只要记住把心扫空，然后让它起善念，烦恼就不消自除了。"

年轻人似有所悟，点了点头，下山去了。

回到家中，他躺在床上，反复咀嚼着高僧说的话，"念由心生"四个字在耳畔久久回荡。年轻人开始回想自己对这姑娘最初的印象，她的美、她的好，犹如那花香，淡而不艳，有恰似无，萦绕在心间。这么想时，他的心情就愉快起来，姑娘仿佛从未远去，她的美好就一直留在他的心间。

他再想起好友往昔对自己的情谊，也不禁惭愧起来。好友和姑娘两人既是两情相悦，就应该是值得祝福的一对。两个美好的人结合在一起，自己应该感到高兴才是，自己之所以不高兴，是起了嫉妒心，起了贪欲，这都是自己的恶念在作祟。

想明白后，年轻人不再整日躲在家里唉声叹气。他找到了姑娘和好友，真诚地为他们送上了祝福。姑娘和好友也十分高兴，与他和好如初了。

每个人最难解脱的，除了"情"，还有"欲"。"欲"字为一个"谷"，一个"欠"。谷物对人来说是缺不得的东西，一旦缺了，就会饥饿，从而引出想念、追求。欲有多种，如财欲、色欲、名欲、食欲、情欲，等等。饥饿让人产生食欲；精神的空虚让人产生财欲、情欲、名欲、色欲。一个人的肠胃尚有限，吃饱吃够了，食欲就满足了。可精神之欲却是可怕的，因为它永远都满足不了。

曾有个布衣，于山间劳作，自食其力。日间插秧种菜，偶然抬头看看蓝天白云；夜晚点灯夜读，听妻儿说话，日子过得平淡却充实。一日，布衣在城里做生意的邻人给妻子买了一件好看的绸衣，布衣见了十分羡慕，决定挑着家里的余粮去城里卖了，也给妻子买一件绸衣。

到了城里，布衣见街道上的人个个身着绫罗绸缎，潇洒阔气，不禁大开眼界。他想："原来生活可以这么美好，我也一定要过上这样的生活。"

数年中，布衣渐渐放弃了种粮种菜的生活，学着邻人做起了生意。由于布衣踏实肯干，他的生意做得红红火火，不久就发家致富了。于是，布衣家也拥有了一座豪宅，家中资产千万，顿顿都有美酒佳肴，人人都穿绫罗绸缎，真是好不富贵。

可是，好日子过了没几天，突然家中闯入一群强盗，把他家洗劫一空。几年辛苦创建的家业都毁于一旦，布衣心里十分凄苦。正当他愁苦之时，邻人告诉他："做生意人是没有保障的。你要想生活富贵又稳定，不如去当官。那些盗贼，也只敢欺负老百姓，哪里听说过有盗贼洗劫当官的啊？"

布衣一听有理，于是借钱捐了个贡生，在城里当了一个小官。当小官自然不如当大官，当没有实权的官自然不如当有权的官，就这样，布衣想尽各种办法，一步一步往上爬。等他如愿以偿当上大官时，已经年过半百了。不过，他总算什么都有了：家中广厦千万，佳肴美酒无数，娇妻美妾成群。

可是，当大官似乎还有烦恼，就是不能自由自在。官场中暗流汹涌，布衣整天要看皇帝的脸色行事，还要应对同僚的排挤，日子过得战战兢兢。

一次，布衣陷入了党派纷争的旋涡，他站在左边不是，站在右边也不是，站在中间更不是，愁得整夜辗转反侧，难以入眠。

正发愁间，他在迷迷糊糊中看见一团白光从门外飘进来，渐渐显出一位白衣仙人，说："布衣，你不是心中有烦恼吗？有烦恼且随我来，我带你去看看没有烦恼的极乐仙境。"

布衣应答一声，轻飘飘地从床上起来，随着那白衣人腾云驾雾，来到一处云山雾海的仙境。

布衣环顾四周，这里除了漫无边际的云海，别的什么都没有，于是大惊道："这就是你说的极乐仙境吗？这里既没房子，也没鲜果、美酒，连一个做伴的人都没有，怎么会快乐和满足呢？"

那仙人道："神仙本来就无身无形，不过是天地间的一股精气。它无所往，又无所不往，浩浩荡荡，飘飘忽忽，没有拘束，有什么烦恼？其实，每个凡人的灵魂也是精气凝成的，原本与神仙一样，没有烦恼。烦恼是因为受到了俗世间的各种束缚，钱财、名利、情色，每一样都是束缚。一个人对这些所求越多，所受的束缚就越大，烦恼也就越多。世间最可悲的人，就是那些把自己深深地套在俗物中的人。他们已经没有了灵魂，只是一具行尸走肉。你瞧……"

仙人说着，把布衣带到一座仙池边，指给他看凡间形形色色的人的生活：

那凡间之人，有人为追求财富卖儿鬻女，挥霍尽钱财后孤老死去；有人浑身被锦绣绫罗包裹，内心却早已千疮百孔；有人年轻时风光无限，追捧者无数，年老色衰时身边却冷冷清清，常暗自对镜流泪；有人仗势欺人，失势时被人骑在胯下当猪狗牛马；有人贪财好色，花天酒地，享尽荣华富贵却不得好死；有人身份至尊，享尽世间一切荣华富贵，却没有一个知心的家人或朋友……

一幕幕图景从布衣眼前飘过，忽然，眼前飘过一个熟悉的人影。定睛一瞧，原来是自己。他看见自己已经死了，正躺在棺材里迅速腐烂。他宠爱的妻妾们纷纷另嫁他人，旧人变新人，各自过得好不快活，早把他忘在九霄云外了。他那养尊处优惯了的儿子不久就把他的家产挥霍殆尽，如今衣衫褴褛，正可怜地蹲在一堵墙边乞讨呢。

布衣看着看着，心中无限悲伤，他问仙人："难道我已经死了吗？难道我辛辛苦苦努力的结果竟然就是这样的吗？"

仙人哈哈大笑说："你把自己视为那一个俗世的躯体，你就已经死了；如果你把自己视为天地间的精魂，你怎么会死呢？这池中照出的不过是种种幻象，你若能从这幻象中悟得大道理，你就会复活。要不然，我也救不了你。"

布衣跪下来，连连磕头，只听神仙大喊一声："仙本在你自己心中，你缘何求我！"说完一闪不见了。

布衣在大喊中惊醒，原来不过是一场梦。但他觉得这并不是一个平凡的梦，于是细细品味仙人之语，心中有所顿悟，遣散妾奴，携妻带子辞官还乡去了。

从此，布衣回到故里，重新过起了躬耕自足的生活。粗茶淡饭、几间茅屋，用心细细体味，竟然远比那佳肴、宫殿可爱、亲切许多。白天，他荷锄上山，累了就看看天，自己的心就像天上的云，飞得很远很远。这种舒适和惬意，这种自由与放松，他很久没有体会了，顿时，心中一阵释然。

布衣临终时，内心十分平静满足，他把自己的梦告诉了妻子和儿子，说自己要去见那仙人了，并希望他儿子牢记他的教诲，这样就可以永远快乐，没有烦恼。

这就是生活，这就是缘。

愿你永远看穿这一切，永无烦恼缠身，永远绽放美丽笑容，勇敢而又善良。

唯有心清，才能勇敢面对